信 息 安 全 系 列 教 材

信息安全风险评估教程

吴晓平 付 钰 编著

武汉大学出版社

图书在版编目(CIP)数据

信息安全风险评估教程/吴晓平,付钰编著.—武汉:武汉大学出版社,
2011.7
信息安全系列教材
ISBN 978-7-307-08773-6

Ⅰ.信… Ⅱ.①吴… ②付… Ⅲ.信息系统—安全技术—风险分析—
教材 Ⅳ.TP309

中国版本图书馆 CIP 数据核字(2011)第 096971 号

责任编辑:刘 阳　　责任校对:刘 欣　　版式设计:支 笛

出版发行:武汉大学出版社　　(430072　武昌　珞珈山)
（电子邮件:cbs22@whu.edu.cn　网址:www.wdp.com.cn）
印刷:湖北睿智印务有限公司
开本:787×1092　1/16　印张:11.5　字数:280 千字
版次:2011 年 7 月第 1 版　　2011 年 7 月第 1 次印刷
ISBN 978-7-307-08773-6/TP·397　　定价:25.00 元

版权所有,不得翻印;凡购买我社的图书,如有质量问题,请与当地图书销售部门联系调换。

信息安全系列教材

编委会

主　任：张焕国，武汉大学计算机学院，教授
副主任：何大可，西南交通大学信息科学与技术学院，教授
　　　　黄继武，中山大学信息科技学院，教授
　　　　贾春福，南开大学信息技术科学学院，教授
编　委：（排名不分先后）
东　北
张国印，哈尔滨工程大学计算机科学与技术学院副院长，教授
姚仲敏，齐齐哈尔大学通信与电子工程学院，教授
江荣安，大连理工大学电信学院计算机系，副教授
姜学军，沈阳理工大学信息科学与工程学院，副教授
华　北
王昭顺，北京科技大学计算机系副主任，副教授
李凤华，北京电子科技学院研究生工作处处长，教授
李　健，北京工业大学计算机学院，教授
王春东，天津理工大学计算机科学与技术学院，副教授
丁建立，中国民航大学计算机学院，教授
武金木，河北工业大学计算机科学与软件学院，教授
张常有，石家庄铁道学院计算机系，副教授
田俊峰，河北大学数学与计算机学院，教授
王新生，燕山大学计算机系，教授
杨秋翔，中北大学电子与计算机科学技术学院网络工程系主任，副教授
西　南
彭代渊，西南交通大学信息科学与技术学院，教授
王　玲，四川师范大学计算机科学学院院长，教授

何明星，西华大学数学与计算机学院副院长，教授
代春艳，重庆工商大学计算机科学与信息工程学院
陈　龙，重庆邮电大学计算机科学与技术学院，副教授
杨德刚，重庆师范大学数学与计算机科学学院
黄同愿，重庆工学院计算机学院
郑智捷，云南大学软件学院信息安全系主任，教授
谢晓尧，贵州师范大学副校长，教授

华　东

徐炜民，上海大学计算机工程与科学学院，教授
楚丹琪，上海大学教务处，副教授
孙　莉，东华大学计算机科学与技术学院，副教授
李继国，河海大学计算机及信息工程学院，副教授
张福泰，南京师范大学数学与计算机科学学院，教授
王　箭，南京航空航天大学信息科学技术学院，副教授
张书奎，苏州大学计算机科学与技术学院，副教授
殷新春，扬州大学信息工程学院副院长，教授
林柏钢，福州大学数学与计算机科学学院，教授
唐向宏，杭州电子科技大学通信工程学院，教授
侯整风，合肥工业大学计算机学院计算机系主任，教授
贾小珠，青岛大学信息工程学院，教授
郑汉垣，福建龙岩学院数学与计算机科学学院副院长，高级实验师

中　南

钟　珞，武汉理工大学计算机学院院长，教授
赵俊阁，海军工程大学信息安全系，副教授
王江晴，中南民族大学计算机学院院长，教授
宋　军，中国地质大学（武汉）计算机学院
麦永浩，湖北警官学院信息技术系副主任，教授
亢保元，中南大学数学科学与计算技术学院，副教授
李章兵，湖南科技大学计算机学院信息安全系主任，副教授
唐韶华，华南理工大学计算机科学与工程学院，教授
杨　波，华南农业大学信息学院，教授

王晓明，暨南大学计算机科学系，教授
喻建平，深圳大学计算机系，教授
何炎祥，武汉大学计算机学院院长，教授
王丽娜，武汉大学计算机学院副院长，教授
执行编委：林莉，武汉大学出版社计算机图书事业部主任，副编审

内容提要

本书较系统地介绍了信息安全风险评估的基本概念、风险要素与分布、评估准则与流程、风险评估工具与基本方法，构建了信息安全风险系统综合评估模型和计算机网络空间下的风险评估模型，讨论了信息安全风险管理的原则与风险控制策略，给出了信息安全风险评估的案例和信息安全风险评估的相关标准。内容丰富、结构严谨、概念清晰、语言流畅、深入浅出、特色鲜明、启发性好，注重理论联系实际和学生应用能力培养，全书内容完整，系统性强，便于教学。

本书可作为高等院校信息安全、计算机科学与技术、通信与信息工程等专业高年级学生的教材，也可供信息安全科研院所、大型企事业单位与政府部门中从事信息安全管理工作者和工程技术人员学习参考。

序 言

21世纪是信息的时代，信息成为一种重要的战略资源，信息的安全保障能力成为一个国家综合国力的重要组成部分。一方面，信息科学和技术正处于空前繁荣的阶段，信息产业成为世界第一大产业。另一方面，危害信息安全的事件不断发生，信息安全的形势是严峻的。

信息安全事关国家安全，事关社会稳定，必须采取措施确保我国的信息安全。

我国政府高度重视信息安全技术与产业的发展，先后在成都、上海和武汉建立了信息安全产业基地。

发展信息安全技术和产业，人才是关键。人才培养，教育是根本。2001年经教育部批准，武汉大学创建了全国第一个信息安全本科专业。2003年经国务院学位办批准，武汉大学又建立了信息安全的硕士点、博士点和企业博士后产业基地。自此以后，我国的信息安全专业得到迅速的发展。到目前为止，全国设立信息安全专业的高等院校已达50多所。我国的信息安全人才培养进入蓬勃发展阶段。

为了给信息安全专业的大学生提供一套适用的教材，武汉大学出版社组织全国40多所高校，联合编写出版了这套《信息安全系列教材》。该套教材涵盖了信息安全的主要专业领域，既有基础课教材，又有专业课教材，既有理论课教材，又有实验课教材。

这套书的特点是内容全面，技术新颖，理论联系实际。教材结构合理，内容翔实，通俗易懂，重点突出，便于讲解和学习。它的出版发行，一定会推动我国信息安全人才培养事业的发展。

诚恳希望读者对本系列教材的缺点和不足提出宝贵的意见。

编委会

2008年8月8日

前言

随着国家信息化建设的不断深入，信息已渗透到人类社会的每个缝隙，融入人们生活的每个瞬间，人们在充分享受信息社会带来的快捷、便利、高效的同时，也时刻承受着信息安全隐患带来的工作、生活及生存透明化的威胁。社会信息化水平越高，信息安全问题就越突出。信息安全已与政治安全、经济安全、国防安全等一起成为国家安全的重大战略问题。因此在信息社会中，对信息安全风险进行系统、科学、合理的评估，有着十分重要的现实意义与应用价值。只有开展有效的信息安全风险评估，才能确切地把握各类信息系统及计算机网络系统等所面临的风险，进而提出相应的安全风险控制策略，使信息安全风险处于可控范围之内。信息安全风险评估就是从风险管理角度，运用科学的方法和手段，系统地分析评估对象所面临的威胁及其存在的脆弱性，探究评估对象的风险规律，综合评估安全事件发生可能造成的危害程度，提出有针对性的抵御威胁的防护对策和整改措施，以防范和化解信息安全风险，或者将风险控制在可接受的水平，从而为最大限度地保障网络和信息安全提供科学依据。

本书是一部介绍信息安全风险评估理论、方法与应用的教材，也是作者长期从事信息安全教学、科研及研究生教育工作的总结。本书旨在面向信息系统安全风险评估的全过程，运用系统工程中整体性、综合性、相关性、满意性等基本观点，提出一整套指导思想明确、方法体系完整、过程科学合理的系统安全风险评估理论与方法。本书涉及信息安全工程、系统工程、管理科学与工程等交叉学科的前沿研究与应用领域，给出面向信息系统与计算机网络系统的安全风险评估理论与方法，促使信息安全风险评估工作更为系统规范也更加科学合理。

本书共分为9章。在全面总结国内外先进信息系统安全风险评估理论方法的基础上，首先介绍了信息安全风险评估的基本概念、风险要素与分布、评估准则与流程、评估工具与基本方法，其次构建了信息系统风险综合评估和计算机网络空间下的风险评估模型，讨论了信息安全风险管理的原则与风险控制策略，最后给出了信息安全风险评估的案例与信息安全风险评估的相关标准。全书编写注重理论联系实际和学生实践能力的培养，力求读者能对信息安全风险评估理论与方法有全面的了解。本书写作注重思想性、系统性与科学性，在内容取舍、概念表述、方法提炼、实例选择、习题配用等方面注意反映大学课堂教学的特点与要求，便于教学组织与实施。

在本书付梓之际，要感谢海军工程大学信息安全系赵俊阁副教授，他不吝光阴审阅了全书，并提出了具体的修改建议。还要感谢信息安全系的陈泽茂博士、叶清博士、王甲生博士和朱婷婷老师在编写过程中给予的帮助。要特别感谢武汉大学出版社林莉老师在本书成稿过程中给予的支持与鼓励。限于作者的学识，书中定有不当之处，诚望读者批评指正。

作 者

2011年1月13日

目 录

第1章 信息安全风险评估概述 ... 1
1.1 引言 ... 1
1.2 信息安全风险评估的基本概念 ... 1
1.3 信息安全风险评估的发展与现状 ... 3
1.3.1 信息安全评估标准的发展 ... 3
1.3.2 信息安全风险评估的现状 ... 4
1.3.3 信息安全风险评估的研究热点 ... 7
1.4 教材主要内容与章节安排 ... 8
习题1 ... 9

第2章 信息安全风险评估原理 ... 10
2.1 信息安全风险及其分布 ... 10
2.1.1 风险的定义 ... 10
2.1.2 信息安全风险要素 ... 10
2.1.3 信息系统安全风险分布 ... 18
2.2 信息安全风险评估准则 ... 20
2.2.1 信息安全风险评估的基本特点 ... 20
2.2.2 基于BS 7799标准的信息安全风险评估准则 ... 21
2.2.3 基于BS 7799标准的分析 ... 21
2.2.4 风险接受准则 ... 22
2.3 信息安全风险评估流程 ... 25
2.3.1 评估准备 ... 25
2.3.2 风险识别 ... 26
2.3.3 风险确定 ... 26
2.3.4 风险控制 ... 26
习题2 ... 26

第3章 信息安全风险评估工具 ... 28
3.1 选择信息安全风险评估工具的基本原则 ... 28
3.2 管理型信息安全风险评估工具 ... 30
3.2.1 概述 ... 30
3.2.2 COBRA风险评估系统 ... 30
3.2.3 CRAMM风险评估系统 ... 31

     3.2.4 ASSET 风险评估系统 ... 33
     3.2.5 RiskWatch 风险评估系统 ... 33
     3.2.6 其他工具 ... 34
     3.2.7 常用风险评估与管理工具对比 ... 35
  3.3 技术型信息安全风险评估工具 ... 35
     3.3.1 漏洞扫描工具 ... 37
     3.3.2 渗透测试工具 ... 38
  3.4 风险评估辅助工具 ... 41
  习题 3 ... 41

第 4 章 信息安全风险评估基本方法 ... 42
  4.1 风险评估方法概述 ... 42
     4.1.1 技术评估与整体评估 ... 42
     4.1.2 定性评估和定量评估 ... 43
     4.1.3 基于知识的评估和基于模型的评估 ... 43
     4.1.4 动态分析与评估 ... 44
  4.2 典型的风险评估方法分析 ... 45
     4.2.1 风险评估方法介绍 ... 45
     4.2.2 方法比较 ... 51
  习题 4 ... 53

第 5 章 信息安全风险系统综合评估 ... 54
  5.1 信息安全风险系统综合评估思想 ... 54
  5.2 信息安全风险评估指标体系构建 ... 55
     5.2.1 评估指标体系的层次结构模型 ... 55
     5.2.2 信息安全风险评估指标体系建立 ... 55
     5.2.3 信息系统安全风险因素的系统分析 ... 58
  5.3 信息安全风险评估指标处理方法 ... 62
     5.3.1 定性指标的量化处理方法 ... 62
     5.3.2 定量指标的标准化处理方法 ... 66
  5.4 信息安全风险评估指标权重确定方法 ... 71
     5.4.1 指标权重的作用 ... 71
     5.4.2 指标权重确定的基本原则 ... 72
     5.4.3 指标权重的确定方法 ... 72
  习题 5 ... 83

第 6 章 计算机网络下的信息安全风险评估 ... 84
  6.1 相关依据 ... 84
     6.1.1 NSA IAM ... 84
     6.1.2 CESG CHECK ... 84
  6.2 评估过程 ... 85

6.3 计算机网络空间下的风险因素 ……………………………………………… 86
6.3.1 计算机网络空间的构成 …………………………………………… 86
6.3.2 漏洞分析 …………………………………………………………… 86
6.3.3 攻击者分类与攻击方式分析 ……………………………………… 88
6.4 计算机网络空间下的风险评估模型 …………………………………… 90
6.4.1 基本风险 …………………………………………………………… 91
6.4.2 提升的风险 ………………………………………………………… 92
6.4.3 整体风险 …………………………………………………………… 93
6.4.4 风险控制 …………………………………………………………… 94
6.5 一种面向多对象的网络化信息安全风险评估算法 …………………… 94
6.5.1 网络化信息安全风险分析 ………………………………………… 94
6.5.2 基于广义权距离的信息安全风险评估方法 ……………………… 95
6.5.3 算例 ………………………………………………………………… 97
习题 6 ………………………………………………………………………… 98

第 7 章 信息安全风险管理 …………………………………………………… 99
7.1 风险管理概述 …………………………………………………………… 99
7.1.1 风险管理的意义和基本概念 ……………………………………… 99
7.1.2 风险管理的对象、角色与责任 …………………………………… 100
7.1.3 风险管理的内容和过程 …………………………………………… 101
7.2 生命周期各阶段的风险管理 …………………………………………… 102
7.2.1 与信息系统生命周期和信息系统安全目标的关系 ……………… 102
7.2.2 规划阶段的信息安全风险管理 …………………………………… 103
7.2.3 设计阶段的信息安全风险管理 …………………………………… 105
7.2.4 实施阶段的信息安全风险管理 …………………………………… 106
7.2.5 运维阶段的信息安全风险管理 …………………………………… 108
7.2.6 废弃阶段的信息安全风险管理 …………………………………… 109
7.3 信息安全风险控制策略 ………………………………………………… 110
7.3.1 物理安全策略 ……………………………………………………… 110
7.3.2 软件安全策略 ……………………………………………………… 111
7.3.3 管理安全策略 ……………………………………………………… 112
7.3.4 数据安全策略 ……………………………………………………… 112
习题 7 ………………………………………………………………………… 113

第 8 章 信息安全风险评估案例 ……………………………………………… 114
8.1 信息安全保密系统介绍 ………………………………………………… 114
8.2 信息安全风险的模糊综合评价 ………………………………………… 115
8.2.1 一级系统模糊综合评价 …………………………………………… 115
8.2.2 二级系统模糊综合评价 …………………………………………… 117
8.2.3 带置信因子的系统模糊综合评价 ………………………………… 118
8.2.4 基于改进模糊综合评价方法的信息系统安全风险评估 ………… 120

  8.2.5 案例分析 ·· 124
 8.3 信息安全风险评估系统设计 ·· 126
  8.3.1 需求分析与系统工具选择 ·· 126
  8.3.2 信息安全风险评估系统的结构设计 ·· 126
  8.3.3 信息安全风险评估系统的详细设计 ·· 128
 8.4 信息安全风险评估系统实现 ·· 131
  8.4.1 系统登录 ·· 131
  8.4.2 系统管理 ·· 132
  8.4.3 风险评估准备 ··· 133
  8.4.4 风险要素识别 ··· 134
  8.4.5 评估指标体系 ··· 135
  8.4.6 总体评估 ·· 135

第9章 信息安全风险评估标准 ·· 138

 9.1 引言 ··· 138
 9.2 国际上主要的标准化组织 ·· 138
  9.2.1 国际标准化组织 ··· 138
  9.2.2 Internet 工程任务组 ··· 138
  9.2.3 美国标准化组织 ··· 139
  9.2.4 欧洲标准化组织 ··· 139
 9.3 BS 7799 信息安全管理实施细则 ·· 139
  9.3.1 BS 7799 历史 ·· 139
  9.3.2 BS 7799 架构 ·· 141
  9.3.3 BS 7799 认证 ·· 144
 9.4 ISO/IEC 17799 信息安全管理实施细则 ··· 144
  9.4.1 ISO/IEC 17799：2000 ··· 144
  9.4.2 ISO/IEC 17799：2005 ··· 145
  9.4.3 两个版本的比较 ··· 145
 9.5 ISO 27001：2005 信息安全管理体系要求 ··· 146
 9.6 CC 通用标准 ··· 148
  9.6.1 CC 是若干标准的综合 ··· 148
  9.6.2 主要内容 ·· 148
  9.6.3 安全要求 ·· 148
 9.7 ISO 13335 信息和通信技术安全管理指南 ··· 149
 9.8 系统安全工程能力成熟度模型 ··· 150
  9.8.1 安全工程过程域 ··· 150
  9.8.2 基于过程的信息安全模型 ·· 151
 9.9 NIST 相关标准 ·· 154

参考文献 ··· 161

第1章 信息安全风险评估概述

1.1 引言

随着信息化建设的高速发展，信息系统的应用也逐步深入社会、经济、军事发展的方方面面，已经成为政府和军队信息化建设的重要基础设施。但是各类信息系统在设计、开发及应用管理上，常存在这样与那样的不足。特别在现阶段，信息系统的核心器件与软硬件关键技术主要依赖进口，使得信息系统存在多种安全隐患与漏洞，比如通信安全隐患、物理安全隐患、软件安全隐患以及电磁泄漏等；信息系统的应用环境也易遭受黑客攻击、病毒侵袭，时常会有泄密现象发生，因此信息系统安全面临着严峻的挑战与考验。在高度网络化的条件下，制约信息系统作用发挥的关键因素已经不完全是技术问题，而是信息系统的安全及其管理问题。

近年来，信息安全风险评估的研究已经发展成为一门融合了信息安全、运筹学、管理学、社会学等综合知识的新学科。信息安全风险评估的总体目标是为了服务国家和军队信息化建设的高速发展，促进信息系统安全保障体系的建设，有效提高信息系统的安全防护能力。信息安全风险评估也成为衡量信息系统安全性的一种重要手段，进而为信息系统建设以及管理决策等提供了非常重要的依据。

本教材着重介绍信息安全风险评估原理、技术手段、基本方法、系统综合评估方法、计算机网络下的信息安全风险评估以及风险控制策略的制定、信息安全风险评估软件系统的设计与实现等方面的理论与方法。期望读者通过对本书的学习，能正确认识信息系统面临的各种安全风险，准确把握其系统安全状况，提高信息安全保障能力。

1.2 信息安全风险评估的基本概念

1. 信息安全

信息安全是指信息的保密性（Confidentiality）、完整性（Integrity）和可用性（Availability）的保持。其最早产生于军事通信需求，而后逐渐发展成一门学科，由最初的通信安全（COMSEC）、计算机安全（COMPSEC）、信息安全（INFOSEC），发展到了信息保障（IA）阶段。在信息保障的概念下，安全已经作为一个过程来看待，不但有保护、检测、响应、恢复等环节，还包括信息系统安全工程（ISSE）、应急响应、安全管理、教育培训、法律法规等支撑部分。信息安全的一切研究和实践都希望能以可度量的准则或可信度作为结果的评价指标，从而直接导致信息安全评估、认证和信息安全标准的产生。

2. 信息系统

信息系统是指用于采集、处理、存储、传输、分发和部署信息的整个基础设施、组织结构、人员及组件的总和。根据《中华人民共和国计算机信息系统安全保护条例》中的定义，信息系统是指由计算机及其相关和配套的设备、设施（含网络）构成，按照一定的应用目标和规则对信息进行采集、加工、存储、传输、检索等处理的人机系统。

3. 信息系统安全

信息系统安全是指确保信息系统结构安全、与信息系统相关的元素安全以及与此相关的各项安全技术、安全服务和安全管理的总和。从系统工程的角度看，信息系统安全就是信息在存储、处理、集散和传输过程中，保持其机密性、完整性、可用性、可追溯性和抗抵赖性等能力与作用的发挥的系统辨识及控制策略实施过程。

随着 Internet 技术的普及，其组网技术的开放互连性给人类带来信息资源充分共享潜在能力的同时，也为外部世界非授权进入局域网信息系统、非授权获取与窃取相关信息资源等提供了机会。在当今大规模开放互连网络环境下，即使采取相对完善的安全保护措施，信息系统的安全风险依然存在。信息系统组件本身固有的脆弱性和设计上的缺陷等是系统不安全的客观因素；在信息系统运行过程中，内部的操作不当、管理不严等所造成的系统漏洞则是导致信息系统不安全的主观原因。因而，信息系统的安全风险是由人为或自然的威胁与攻击，直接或间接地利用系统脆弱性和漏洞等所造成的不确定性事件及其后果。随着信息系统的逐渐普及，一旦风险事件发生，对信息系统的管理者、使用者、社会和国家等都将造成损失，甚至产生重大影响。如何有效预防和控制风险事件的发生，从安全角度保障信息系统正常、有序和持续性运行，合理地利用现有资源获取最大的社会和经济效益，是信息系统安全领域所面临的重大研究课题。

4. 信息安全风险评估

信息安全风险评估是指依据有关信息安全技术标准和准则，对信息系统及由其处理、传输和存储的信息的保密性、完整性和可用性等安全属性进行全面、科学的分析和评价的过程。信息安全风险评估将对信息系统的脆弱性、信息系统面临的威胁以及脆弱性被威胁源利用后所产生的实际负面影响进行分析、评价，并将根据信息安全事件发生的可能性及负面影响的程度来识别信息系统的安全风险。

通过系统周密的风险分析与评估，可以导出信息系统风险的安全需求，实现信息系统风险的安全控制，从而建立一个可靠、有效的风险控制体系，保障信息系统的动态安全。因此，信息系统安全风险评估是建立信息安全保障体系的必要前提，目前正越来越受到人们的重视。信息系统安全评估依其应用环境、应用领域以及处理信息敏感度的不同，安全需求上有很大差别。但概括起来，信息安全风险评估具有如下作用：

其一，明确信息系统的安全现状：进行信息系统安全风险评估后，可以准确地了解系统自身的网络、各种应用系统以及管理制度规范的安全现状，从而明晰安全需求。

其二，确定信息系统的主要安全风险：在对信息系统进行安全风险评估后，可以确定信息系统的主要安全风险，并选择合理的风险控制策略，以避免风险或降低风险。

其三，指导信息系统安全技术体系与管理体系的建设：进行信息系统安全风险评估后，可以制定信息系统的安全策略及安全解决方案，从而指导信息系统安全技术体系（如部署防火墙、入侵检测与漏洞扫描系统、防病毒系统、数据备份系统等）与管理体系（如安全管理制度、安全培训机制等）的建设。

1.3 信息安全风险评估的发展与现状

1.3.1 信息安全评估标准的发展

1. 国外信息安全风险评估标准的发展

国内外关于信息系统安全体系结构理论的研究已有二十多年的历史，1985年美国国防部正式公布的 DOD5200.28-STD《可信计算机系统评估准则》(TCSEC，从橘皮书到彩虹系列)是公认的第一个计算机信息系统评估准则。受该准则的影响和信息处理技术发展的需要，法国、英国、荷兰、加拿大等IT发达国家纷纷建立了自己的信息系统安全评估准则、认证机构和风险评估认证体系，负责研究并开发相关的评估标准、评估认证方法与评估技术，并进行基于评估标准的信息安全评估和认证（包括信息系统安全风险评估）。随着信息安全的内涵不断延伸，信息系统安全风险评估也从单一的通信保密向网络化信息的完整性、可用性、可控性等方面拓展，取得了大量研究成果。

1985年，《可信计算机系统安全评估准则》由美国国防部为适应军用计算机的保密需要而制定，其后又对网络系统、数据库等方面作出了系列安全解释，形成了信息系统安全体系结构的最早原则。至今美国已研制出满足TCSEC要求的安全系统（包括安全操作系统、安全数据库、安全网络部件）多达百余种，而TCSEC标准把系统的保密性作为讨论的重点，忽略了信息的完整性与可用性等安全属性，因而这些系统有相当大的局限性，同时也没有真正达到形式化描述和证明的可信水平。

20世纪90年代初，法、英、荷、德四国针对TCSEC准则只考虑保密性的局限，联合提出了包括信息的机密性、完整性、可用性等安全属性概念的"信息技术安全评价准则"(ITSEC，欧洲白皮书)。ITSEC把可信计算机的概念提高到可信信息技术的高度上来认识，对国际信息安全的研究、实施产生了深刻的影响。但是该标准也同样没有给出形式化描述的理论证明。

1996年，美、加、英、法、德、荷六国联合提出了信息技术安全评估的通用准则（Common Criteria，CC），并逐渐形成国际标准 ISO15408。该标准定义了评价信息技术产品和系统安全性的基本准则，提出了目前国际上公认的表述信息技术（或系统）安全性的结构，也被认为是第一个信息技术安全评价的国际标准，它的发布对信息安全工作的深入开展具有重要意义，是信息技术安全评价标准以及信息安全技术发展的一个重要里程碑。但该标准的风险评估准则是针对产品与系统的安全性能测试和等级评估，事先假定用户知道安全需求，忽略了对信息系统的安全风险分析，缺少综合解决保障信息系统多种安全属性的理论模型依据。

英国1995年提出的本国的信息安全管理体系标准 BS7799，是国际上具有代表性的信息安全管理体系标准。它用管理加技术的方式全面保障信息的保密性、完整性和可用性，BS7799主要提供了有效地实施IT安全管理的建议，给出了安全管理的方法和程序。国际标准化组织(ISO)于2000年12月在此基础上制定并通过了 ISO/IEC 17799，它主要采用系统工程的方法保护信息安全，即确定信息安全管理的方针和范围，在风险评估的基础上选择适宜的控制目标与控制方式进行控制，制定业务持续性计划，建立并实施信息安全管理体系。

另外，1996年12月15日开始发布的 ISO13335 标准，给出了关于IT安全的机密性、完整性、可用性、审计性、真实性、可靠性六个方面的含义，并提出了基于风险管理的安全模型。该模型阐述了信息安全评估的思路，对企业的信息安全评估工作具有指导意义，但该标准缺乏对系统资源分布的结构化分析和风险分布与强度的形式化描述，无法给出系统风险的可信量化评估。2000年9月美国国家安全局为促进美国政府信息系统安全需求的协调,在综合工业界/政府联合信息保障技术框架论坛中的各类合作成果的基础上,推出了《信息保障技术框架(IATF)》3.0版。该技术框架提出了纵深保卫战略的概念,并围绕该概念对信息系统进行建设和保护,但它仅起到对安全需求的协调和安全解决方案的建议作用,并没有对一个信息系统提供完整的安全解决方案的技术框架和技术路线进行描述。

2. 我国信息安全风险评估标准的发展

我国是国际标准化组织的成员国,国内信息安全标准的制定工作始于20世纪80年代中期,主要是等同采用国际标准。国内信息安全标准化工作与国际已有的成果相比较,其覆盖面还非常有限,宏观和微观的指导作用也有待于进一步的提高。

1998年10月经国家质量技术监督局授权成立了中国国家信息安全测评认证中心(CNITSEC),它是代表国家对信息技术、信息系统、信息安全产品以及信息安全服务的安全性实施公正评价的技术职能机构。另外,国家标准GB17895—1999《计算机信息系统安全保护等级划分准则》正式颁布实施。2002年4月15日全国信息安全标准化技术委员会(简称信息安全标委会,TC260)在北京正式成立,其工作任务是向国家标准化委员会提出本专业标准化工作的方针、政策和技术措施的建议,同时将协调各有关部门,提出一套系统、全面、分布合理的信息安全标准体系,进而依此开展信息安全标准的制定工作。2002年9月在国家信息中心信息安全处的基础上,组建成立了国家信息中心信息安全研究与服务中心,该中心参与完成了国家标准《信息安全技术评估准则》,参加了《国家电子政务指南——信息安全》编写和公安部相关标准的编写与评审。2006年,国信办[2006]5号文件制定了《国家网络与信息安全协调小组关于开展信息安全风险评估工作的意见》,等等。另外,制定了一系列涉及开放系统安全框架的国家标准,如访问控制框架(GB/T18794.3—2003)、抗抵赖框架(GB/T18794.4—2003)、机密性框架(GB/T18794.5—2003)、完整性框架(GB/T18794.6—2003)、安全审计和报警框架(GB/T18794.7—2003),还制定了GB17859-1999《计算机信息系统安全保护等级划分准则》及GJB4484—2003《军队计算机网络信息系统安全保密要求》,2007年6月发布了GB/T20984—2007《信息安全技术——信息安全风险评估规范》、GB/T20988—2007《信息安全技术——信息系统灾难恢复规范》,2008年发布了GB/T22240—2008《信息安全技术——信息系统安全等级保护定级指南》,等等。

由上可知,现有的信息安全评估标准虽然都强调了风险评估的必要性,要求以系统的风险分析为核心,通过评估系统的安全属性来判断信息系统的安全等级是否符合要求,但这些标准及其方法,通常采用问卷式调查给出不同风险域在安全管理方面存在的漏洞和安全等级,进而给出策略建议,这将使对于信息系统风险分布规律的认识大多停留在专业人员和专家的个人认识上,缺乏系统性和客观性;且风险评估的量化也缺乏可操作的工程数学方法,评估结果在系统性与准确性方面还存在较大的主观偏好。尽管如此,现有的信息安全评估标准还是为人们进行信息安全风险评估提供了实用的风险分析程序与风险评估准则,即为人们开展信息安全风险评估工作提供了必要的基础。

1.3.2 信息安全风险评估的现状

信息安全风险评估就是要运用系统工程的理论与方法,结合信息系统自身的特点,借助于信息系统安全相关标准开展工作。

信息安全风险评估方法的选择,解决了评估所采集信息和风险评估结果的对应问题。在评估过程中使用何种方法对评估的有效性具有重要作用，评估方法的选择直接影响到评估过程的每个环节，甚至左右最终的评估结果。所以需要根据系统的具体情况，选择合适的风险评估方法。目前信息系统安全风险评估所使用的方法有很多，但概括起来可区分为如下三类：基于安全检测工具的评估方法、基于风险评估技术的评估方法及基于系统综合的评估方法。

1. 基于安全检测工具的信息安全风险评估

对于安全期望不高的评估对象，由于时间与成本的考虑，常运用简单的评估检测工具进行安全分析，开展自主安全风险评估。对评估对象安全特性具有特殊要求的，还需要采用相对独立甚至频繁的安全风险评估才能保证评估对象的安全性能。当前比较常见的安全检测工具主要有：

信息收集类：嗅探工具、PING 扫描工具、端口扫描工具等；

系统安全分析类：主机操作系统配置检查工具/主机系统审计工具、数据完整性检测工具、日志分析工具、协议分析工具、远程脆弱性/漏洞扫描工具等；

应用安全检测类：源代码扫描工具、入侵检测系统（IDS）工具、防火墙测试工具、路由器测试工具、交换机测试工具、Web 测试工具、邮件（Email）安全测试工具、数据库安全测试工具、通用网关接口（CGI）安全测试工具等；

攻击测试类：密码破解工具、会话劫持/欺骗工具、系统权限提升工具、拒绝服务工具、缓冲区溢出攻击工具、拨号工具、基于网络中继聊天（ICQ/IRC）的攻击工具、蠕虫检测工具、病毒检测工具等；

系统评估类：评估指标库、评估知识库、评估信息库、评估统计算法库、评估模型库等。

信息安全行业提供的安全评估服务主要还停留在运用检测工具对信息系统进行安全分析上，但单纯地运用评估检测工具得到的安全评估结果常常可信度不高，容易以偏概全，因此，此方法常用于单一设备的简单信息系统风险分析与评估中，而针对复杂信息系统的安全风险评估，将该方法作为一种数据获取手段使用较为常用。

2. 基于风险评估技术的信息安全风险评估

从当前的研究现状来看，信息系统安全评估的相关成果主要集中在"标准"上，相关的安全评估"方法"并不多见。在实际需求的带动下，相关安全风险评估方法研究正在快速发展中，现代安全风险评估方法有 CORAS，RSDS，CRAMM 和 COBIT 等。

CORAS（Consultative Objective Risk Analysis System）风险评估方法是一种基于模型的风险评估方法。该方法是由来自欧洲的希腊、挪威、德国和英国等国的 3 家商业公司、7 家研究机构和一所大学等设立的 CORAS 项目，历时两年多时间完成。CORAS 项目并非开发全新的风险评估方法，而是在充分吸收传统风险评估方法与工具的优点基础上，提出的一种基于模型的信息安全风险评估方法，并在远程医疗和电信领域进行了实践，检验了这种方法的实用性和有效性。

RSDS（Reactive System Design Support）是由英国的伦敦王子学院与 B-Core 公司开发的风险评估方法，已经在化工过程控制与自动化制造系统中得以应用。RSDS 与 CORAS 都整合了面向对象的建模与风险分析技术。但是，CORAS 关注安全风险评估，而 RSDS 当前工作主要是集中在安全与可靠性分析上。RSDS 旨在将紧密的、高度自动化的、关键词驱动的少量的风险分析与推理技术集成一种单独的工具。CORAS 与 RSDS 相比较，更适合对复杂的信息安全关键系统进行风险分析，更适合于设计者几乎不掌握形式化验证方法的情形。而 RSDS 更适合由具有形式化方法知识背景的、对风险分析了解甚微的开发者分析、形式化验证关键的组件。

CRAMM 是 CCTA（中央计算机与电信管理中心，Central Computer and Telecommunications Agency）风险分析与管理方法，是英国政府的中央计算机与电信局开发的，目的是为所有系统的计算机安全管理提供一种结构化、一致的方法。英国国家健康服务机构将 CRAMM 作为卫生保健机构中的信息系统安全风险分析标准加以应用，取得了较好的效果。CRAMM 是 CORAS 产生的重要灵感来源。

COBIT（Control Objectives for Information and Related Technology）是信息及相关技术的控制目标，主要规范了 IT 的管理。其主要目标是开发信息技术领域的关于 IT 安全及控制策略。COBIT 对 IT 风险标识与影响进行分析，而 CORAS 在整个风险管理过程中整合了一种面向视角的模型技术，不仅仅包括风险标识与风险分析子过程。

由上分析可知，无论是从风险评估模型，还是从风险评估技术，或是面向实际应用方面，CORAS 都比其他方法有优胜之处，可作为现代安全风险评估方法的代表之一。但需指出的是，CORAS 风险评估方法目前仅在远程电信和医疗两个领域进行了应用，而该方法在分布式系统中动态标识、评估信息安全风险方面尚显不足，特别是在使用过程繁琐、人机交互较多的信息系统中该方法更难以应用。

3. 基于系统综合的信息安全风险评估

国防科技大学的陈光博士基于 ISO/IEC17799 标准建立了一个综合的信息系统风险分析框架，并运用模糊多决策方法计算了信息安全风险，并对信息资产风险进行了级别划分，建立了评估信息资产相关风险的完整模型。目前看来，使用较为先进的评估理论方法建立风险评估模型进行评估，以得出科学合理的评估结果是当前一大趋势。如：基于未确知测度的安全风险评估方法、基于人工神经网络的安全风险评估方法、基于粗糙集理论的安全风险评估方法以及基于贝叶斯网络的安全风险评估方法等，甚至综合使用多种风险评估方法。

大连理工大学的杨红博士在对信息系统风险评价指标体系进行系统分析的基础上，利用未确知测度给出了一种适合信息系统特点的未确知测度风险评估模型；西安电子科大的赵冬梅博士采用模糊小波神经网络方法建立了信息安全风险评估模型；上海交大的林梦泉副研究员提出了一种基于粗糙集的混合启发式约简算法，进行指标属性约简和权重集构建，进而建立起融合的信息系统安全评估数学模型。另外，在信息系统体系结构理论研究方面，四川大学的戴宗坤研究员提出了"基于信息体及其流动全程保护角度的信息系统资源分布体系结构"，肖龙博士在此基础上给出了信息系统资源分布的数学模型。国防科大的刘芳博士在"十五"国防科研预研项目"计算机系统安全防护技术"的支持下，设计并实现了基于 ISSUE（Information System Security Evaluation）方法的安全评估辅助系统，为用户提供了一个直观而简洁的评估界面，简化了信息系统安全评估的工作量，等等。

另外，唐慧林提出了基于模糊处理的系统风险评估方法，结合模糊处理和语言运算，提出了基于危害度组件的信息系统风险模糊度量方法；解放军信息工程大学的刘萍将灰色理论引入信息安全风险评估模型，说明了该理论的应用能比较真实地反映信息系统的安全状况；郑皆亮也提出了基于灰色理论的网络信息安全评估模型，通过三角白化权数和隶属度的计算确定风险等级；李钧锐提出了基于信息流的信息安全风险评估方法，对信息系统资源按信息流方向划分成九个风险域，运用层次分析及模糊综合评判方法对系统进行风险评估。司杰奇提出了基于图论的网络安全风险评估方法，该方法以图论的相关知识为基础，给出了脆弱性评估关联图和网络评估关联图，确定各个风险评估粒度风险指数的度量方法。

1.3.3 信息安全风险评估的研究热点

经过多年的研究探索和应用实践，风险评估的理论和方法在其他领域已逐渐发展成为一套比较完整、成熟的手段和工具，但在信息安全领域，由于其特殊性，仍存在许多困扰管理者和研究人员的问题，这些是当前信息安全风险评估领域的研究热点所在，也是亟待解决的问题所在。

1. 风险评估过程相关性处理

近年来，风险评估的一大焦点问题是如何处理失效事件间的相关性。这种相关性是系统中各组成部分之间相互影响、相互关联的自然反映，表现为这些成分之间相互依赖、相互制约。在概率风险评估中，一个非常重要的、需要特别关注的问题是共因失效问题。

在建立系统失效逻辑模型时，往往假定底层事件、基本事件的发生是统计不相关的，但有时这种假设是不恰当的。只要其中某些机理具有较高的、使若干事件同时发生的倾向性，那么这些事件间就存在统计相关性，如停电会同时引起系统失效。在构建模型和风险评估过程中，必须正确处理其中的相关性。

2. 动态风险评估

现实世界中的系统具有一个重要的特性——动态性。系统对于初始扰动的响应随时间而变化，这些响应相互干扰并影响系统状态。传统的事件树/故障树方法虽然可以比较有效地表达出逻辑变量之间的静态关系，但如果不引入特殊的方法，将无法处理时间以及过程变量和人的行动的动态性质。

Devooght 和 Smidts 对风险评估提出了一个一般性的理论框架——概率动力学，也称连续事件树理论。这一理论将动态性质的构成因素，如时间、硬件、人的行为状态以及过程变量（如温度、压力、速度等），综合到了一个理论模型中，即连续事件树模型，以期全面反映动态过程的本质。目前，在动态风险评估的研究和应用方面，以概率动力学为基础的方法基本已成为主流。如何将之有效地应用于信息安全风险评估领域还有待进一步摸索。

3. 人因可靠性分析

Swain 给出的工程中人为错误的定义为："任何超过系统正常工作所规定之接受标准或允许范围的人的行为或动作。"许多重大事故表明，人为错误对系统行为会产生巨大影响，因此有必要建立对人为错误风险进行正确评估的方法，并积极寻求减小系统对人为错误敏感度的措施，这是人因可靠性分析（HRA）的主要目的。HRA 主要涉及三方面内容：人为错误的识别，即识别可能发生的错误类别、性质；人为错误的量化，即量化人为错误发生的可能性；减小人为错误，即要寻求减小人为失误发生的措施。

HRA 研究属于一门交叉学科，涉及可靠性工程、系统工程、人因工程以及心理学等多方面、多学科内容。通过正确的可靠性评估或风险评估方法，HRA 最终可以集成到系统风险图中。

4. 不确定性分析

尽管概率风险分析方法日渐成熟，但仍有若干问题困扰着决策者和风险分析专家。如何利用专家意见来估计人的可靠性以及组织因素的影响等，都是现实世界中存在的不确定性，如何在概率风险分析中表达这种不确定性也是一个需要解决的问题。

在信息安全风险评估中不可避免地会涉及种种不确定性，无论是系统建模还是以概率形式表达不确定性等，都是一件非常复杂、困难的事情。

不确定性主要源自以下几个方面：事物本身的随机性；事物的模糊性；知识的不完善性。知识的不完善性涉及两方面因素：其一是客观信息的不完善性，它是客观条件的限制造成的，如因测量条件所限不能获得足够的资料、信息或数据；其二是人对客观事物认识的不完整性、不清晰性，或是难以做到全面考虑。

由于知识的这种不完善性、不完备性，所以在实际的信息安全风险评估工作中，许多时候需要借助专家的力量来对这种不确定性做出评估。

1.4 教材主要内容与章节安排

从上述国内外研究现状可以看出，一方面，目前信息安全评估标准和方法强调风险评估的必要性，要求以系统风险分析为核心，通过评估系统或产品的安全属性来判断信息系统的安全等级是否符合要求。这些标准和方法通常采用问卷调查法等过于简单的方法，也有人用"风险=资产×威胁×漏洞"来计算风险，这些方法在风险评估实践中起了重要的指导作用，但往往只给出了面向过程的风险评估框架模型，并没有真正给出度量风险的定量方法，而风险度量缺乏可操作的工程数学方法，导致了评估结果在系统性和准确性方面存在较大的主观性。另一方面，有些风险评估方法给出了定量计算方法，但是方法实施起来过于繁琐，风险评估理论研究与信息安全实践结合不够紧密。很多风险评估理论都是直接从国外的一些从事风险评估的组织引入，没有很好地与我国信息化实践相融合。针对以上问题，本教材主要是面向信息系统安全风险评估各阶段展开论述，提出操作性较强的风险评估实施模型。

本教材的内容组织结构如下：

第1章：简述信息安全风险评估的目的和意义，综述国内外安全风险评估技术、信息安全评估标准及信息安全风险评估方法的研究现状，指出信息安全风险评估技术的研究趋势。

第2章：阐述信息安全风险评估原理。通过分析信息系统资源分布结构，以系统资源机密性、完整性和可用性等安全属性为评估对象，给出信息系统安全风险的时空分布；确定信息系统安全风险评估准则。

第3章：明确信息安全风险评估技术手段。给出选择信息安全风险评估工具的基本原则，介绍了两类信息安全风险评估工具及风险评估的辅助工具。

第4章：介绍信息安全风险评估的基本方法。

第5章：给出信息安全风险的系统综合评估方法。在系统分析信息安全风险及其影响要素的基础上，确定信息系统安全风险评估的相关指标；从定性和定量两方面讨论评估指标数据的标准化处理方法，并系统分析指标权重确定的一般方法。

第6章：探讨计算机网络空间下的信息安全风险评估问题。通过分析计算机网络空间下的信息安全风险因素，给出相应的安全风险评估模型；并针对网络信息系统安全风险评估问题，给出面向多对象的网络化信息系统安全风险评估方法。

第7章：通过分析信息系统生命周期各阶段的风险管理，挖掘信息系统的风险规律，提出了信息系统安全风险控制策略。

第8章：将系统综合风险评估理论的模糊综合评价方法应用于实际风险评估案例中，给出信息安全风险评估系统的概要设计。

第9章：综述国内外信息安全风险评估标准。

习 题 1

1. 简述信息安全风险评估的概念。
2. 典型的基于现代信息安全技术的评估有哪几类?
3. 谈谈对基于系统综合的风险评估方法的认识。
4. 信息安全风险评估的研究热点有哪些?

第2章　信息安全风险评估原理

2.1　信息安全风险及其分布

网络环境下的信息系统作为一个快速扩张的、既有物理形态又有复杂逻辑关系的大系统，对于其中潜在的风险分布规律以及风险表现强度尚在探索中。目前关于信息系统的风险分析方法的研究，普遍存在风险分布与信息系统资源分布规律脱节以及不充分考虑系统风险的各影响因素的问题，从而导致信息系统风险评估结果不能准确反映风险分布规律以及风险表现强度，因此不可能准确地导出信息系统的安全保护需求。为此，本节将根据信息系统资源分布规律确定需要保护的信息系统资源，以针对这些资源机密性、完整性和可用性等安全属性的安全风险为分析和评估对象，详细描述信息系统的安全风险及其影响因素。

2.1.1　风险的定义

风险的定义有多种，我们将风险定义为在达到一个目标或目的（属于技术性能、成本或进度安排）过程中的不确定性，同时认为风险与不确定性事件发生的概率及其造成的可能损失有关。由此定义的风险度量函数为：

$$R(x) = f(p,q)$$

其中，x 为风险，q 表示不确定事件发生的后果，p 表示不确定事件发生的概率。

根据风险度量函数，1997 年赵恒峰提出了一种风险度量公式。$\bar{p}$ 表示不确定事件未发生的概率，$\bar{q}$ 表示不确定事件未造成损失的概率，则 $p = 1 - \bar{p}$，$q = 1 - \bar{q}$。

由此风险函数为：$R(x) = f(p,q) = 1 - \bar{p} \cdot \bar{q} = 1 - (1-p)(1-q) = p + q - p \cdot q$。

通过评估与系统风险有直接影响的主要因素，将这些因素对风险的影响通过合理的算法综合于风险度量指标中，便可以给出不确定事件发生的概率及其产生后果的影响程度，进而得出系统的风险大小。

2.1.2　信息安全风险要素

由风险的定义可知，信息安全风险同样也具有不确定性，而这种不确定性是针对信息系统安全特性而言的。国内外学者普遍认为所谓信息系统的安全特性即为信息系统及其资产的机密性、完整性和可用性等。因而所谓信息系统的安全风险的高低可归结为信息系统及其资源在达到其安全特性（机密性、完整性和可用性等）要求过程中不确定性的大小。

所谓机密性（Confidentiality），就是保证信息仅供那些已获授权的用户、实体或进程访问，不被未授权的用户、实体或进程所获知，或者即便数据被截获，其所表达的信息也不被非授权者所理解。根据 GB/T 18794.5-2003/ISO/IEC 10181-5：1996，针对信息系统机密性的风险主要表现在：存在性 C_1，存取性 C_2 和可理解性 C_3 三方面。

所谓完整性（Integrity），就是保证没有经过授权的用户不能改变或者删除信息，从而信息在传送过程中不会被偶然或故意破坏，保持信息的完整、统一。根据 GB/T 18794.6-2003/ISO/IEC 10181-6：1996，针对完整性的风险主要表现在：篡改 I_1，创建 I_2，重放 I_3 三方面。

所谓可用性（Availability），就是保证得到授权的实体或进程的正常请求能及时、正确、安全地得到服务或回应，即信息及信息系统能够被授权使用者正常使用。针对可用性的风险主要表现在：能力下降 A_1，可获性 A_2 两方面。

由此，从资产安全特性角度考虑，针对信息系统的风险可描述如图 2.1 所示。

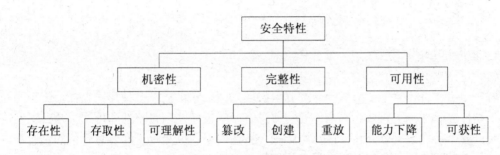

图 2.1　信息系统的安全风险

一方面，造成信息安全事件的源头，可以归结为外因和内因，外因为威胁，内因则为脆弱性，故可通过对信息的威胁和脆弱性的评估来获得事件发生的可能性值。同时，事件发生所产生的影响与资产有关，故可通过对资产的评估来获得。由此，可将信息安全风险 R 看成是资产、威胁和脆弱性的函数，即信息安全风险

$$R = g(c, t, f)$$

其中：c 为资产影响，t 为对系统的威胁频度，f 为脆弱性严重程度。

对信息系统资产的分析可通过资产遭到破坏后所造成的影响来进行评估。一旦信息系统资产的机密性、完整性和可用性受到威胁，产生的影响可用于衡量该资产的价值。对资产造成影响的评价可从以下方面得到：信息系统数据资产由于非授权的或意外的操作产生泄露、更改、破坏或不可用；信息系统物理资产被破坏；信息系统软件资产损毁、破坏或由于非授权的操作而产生对敏感软件的泄露。

对信息系统的威胁分析可通过一定时期内所发生的威胁频度来度量。典型的威胁包括：故意的攻击，如黑客、哄骗、插入错误信息、破坏性软件的加入、偷窃、任意的破坏，主要表现方式有：灾难，如火灾、洪灾；个人的错误；技术错误等。

对信息系统脆弱性的分析可通过系统脆弱性的严重程度来衡量。脆弱性本身并不对信息资产构成危害，当满足一定条件，它就可能被利用并对信息资产造成危害。Alberts 等人在 2001 年提出将脆弱性分为组织脆弱性和技术脆弱性，组织脆弱性是指组织的政策或实践中可能导致未授权行为的弱点，技术脆弱性是指系统、设备和直接导致未授权行为的组件中存在的弱点，又分为设计脆弱性、实现脆弱性、配置脆弱性三类。

因此，把信息系统的安全风险分解成资产的影响、威胁的频度和脆弱性的严重程度三要素，其模型如图 2.2 所示，具体分析如下：

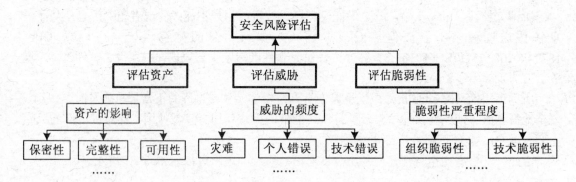

图 2.2　信息系统安全风险评估模型

1. 资产的影响

（1）资产定义

资产是机构直接赋予了价值因而需要保护的东西，它可能以多种形式存在，无形的与有形的，硬件与软件，文档与代码等。通常信息资产的机密性、完整性和可用性是公认的能够反映资产安全特性的三个要素。信息资产安全特性的不同也决定了其信息价值的不同，以及存在的弱点、面临的威胁、需要进行的保护和安全控制都各不相同。因此，有必要对机构中的信息资产进行科学识别，以便进行后期的信息资产抽样、制定风险评估策略、分析安全功能需求等活动。

（2）资产分类

资产有多种表现形式，同样的两个资产也因属于不同的信息系统而重要性不同。首先需要将信息系统及相关的资产进行恰当的分类，以此为基础进行下一步的风险评估。在实际工作中，具体的资产分类方法可以根据具体的评估对象和要求，由评估者灵活把握。根据资产的表现形式，可将资产分为数据、软件、硬件、文档、服务、人员等类型。表 2.1 列出了一种资产分类方法。

表 2.1　　　　　　一种基于表现形式的资产分类

分 类	示　例
数 据	保存在信息媒介上的各种数据资料，包括源代码、系统文档、运行管理规程、计划、报告、用户手册等。
软 件	系统软件：操作系统、语句包、工具软件、各种库等； 应用软件：外部购买的应用软件，外包开发的应用软件等； 源程序：各种共享源代码、自行或合作开发的各种代码等。
硬 件	网络设备：路由器、网关、交换机等； 计算机设备：大型机、小型机、服务器、工作站、台式计算机、移动计算机等； 存储设备：磁带机、磁盘阵列、磁带、光盘、软盘、硬盘等； 传输线路：光纤、双绞线等； 保障设备：动力保障设备（UPS、变电设备等）、空调、保险柜、文件柜、门禁、消防设施等； 安全保障设备：防火墙、入侵检测系统、身份验证等； 其他：打印机、复印机、扫描仪、传真机等。

续表

分 类	示 例
服务	办公服务：为提高效率而开发的管理信息系统（MIS），包括各种内部配置管理、文件流转管理等服务； 网络服务：各种网络设备、设施提供的网络连接服务； 信息服务：对外依赖该系统开展的各类服务。
文档	纸质的各种文件，如传真、电报、财务报告、发展计划等。
人员	掌握重要信息和核心业务的人员，如主机维护主管及应用项目经理等。
其他	单位形象、客户关系等。

（3）资产赋值

资产的重要程度可以进行等级化处理，不同的等级分别代表资产重要性程度的高低。等级数值越大，重要程度越高。表 2.2 提供了资产重要度的一种 1-5 赋值方法（此外，还有 1-3 赋值法和 1-9 赋值法等）。

表 2.2　　　　　　　　　　资产重要度赋值

赋值	标识	定 义
5	很高	资产的重要程度很高，其安全属性破坏后可能导致系统受到非常严重的影响；
4	高	资产的重要程度较高，其安全属性破坏后可能导致系统受到比较严重的影响；
3	中等	资产的重要程度较高，其安全属性破坏后可能导致系统受到中等程度的影响；
2	低	资产的重要程度较低，其安全属性破坏后可能导致系统受到较低程度的影响；
1	很低（可忽略）	资产的重要程度很低，其安全属性破坏后可能导致系统受到很低程度的影响，甚至忽略不计。

在对信息系统进行安全风险评估中，对资产的赋值不仅要考虑资产的经济价值，更要考虑资产的安全状况，即资产的机密性、完整性及可用性对组织信息安全性的影响程度。资产赋值的过程也就是要对资产在机密性、完整性和可用性上的要求进行分析，并在此基础上得出综合结果的过程。资产对机密性、完整性和可用性上的要求可由安全属性缺失时造成的影响来表示，这种影响可能造成某些资产的损害以至危及整个信息系统，还可能导致经济效益、市场份额、组织形象的损失。

如对资产机密性赋值，根据资产在机密性上的不同要求，依旧将其分为 5 个不同的等级，分别对应资产在机密性缺失时对整个组织的影响。表 2.3 提供了一种资产机密性 1-5 赋值方法的参考。

表 2.3　　　　　　　　　　资产机密性赋值

赋值	标识	定 义
5	很高	包含组织最重要的秘密，关系未来发展的前途命运，对组织根本利益有着决定性的影响，如果泄露会造成灾难性的损害；
4	高	包含组织的重要秘密，其泄露会使组织的安全和利益遭受严重损害；

续表

赋值	标识	定 义
3	中等	组织的一般性秘密,其泄露会使组织的安全和利益受到损害;
2	低	仅能在组织内部或在组织某一部门内部公开的信息,向外扩散有可能对组织的利益造成轻微损害;
1	很低	可对社会公开的信息、公用的信息处理设备和系统资源等。

同样可给出 1-5 赋值法中资产完整性与可用性的参考赋值,见表 2.4 和表 2.5。

表 2.4   资产完整性赋值

赋值	标识	定 义
5	很高	完整性价值非常关键,未经授权的修改或破坏会对组织造成重大的或无法接受的影响,对业务冲击重大并可能造成严重的业务中断,损失难以弥补;
4	高	完整性价值较高,未经授权的修改或破坏会对组织造成重大影响,对业务冲击严重,损失较难弥补;
3	中等	完整性价值中等,未经授权的修改或破坏会对组织造成影响,对业务冲击明显,但损失可以弥补;
2	低	完整性价值较低,未经授权的修改或破坏会对组织造成轻微影响,对业务冲击轻微,损失容易弥补;
1	很低	完整性价值非常低,未经授权的修改或破坏对组织造成的影响可以忽略,对业务冲击可以忽略。

表 2.5   资产可用性赋值

赋值	标识	定 义
5	很高	可用性价值非常高,合法使用者对信息及信息系统的可用度达到年度 99.9%以上,或系统不允许中断;
4	高	可用性价值较高,合法使用者对信息及信息系统的可用度达到每天 99%以上,或系统允许中断时间小于 10 分钟;
3	中等	可用性价值中等,合法使用者对信息及信息系统的可用度在正常工作时间达到 70%以上,或系统允许中断时间小于 30 分钟;
2	低	可用性价值较低,合法使用者对信息及信息系统的可用度在正常工作时间达到 25%以上,或系统允许中断时间小于 60 分钟;
1	很低	可用性价值可以忽略,合法使用者对信息及信息系统的可用度在正常工作时间低于 25%。

2. 威胁的频度

(1) 威胁定义

安全威胁是一种对机构及其资产构成潜在破坏的可能性因素或者事件,信息安全威胁可以通过威胁主体、资源、动机、途径等多种属性来描述。无论对于多么安全的信息系统，安全威胁是一个客观存在的事物，它是安全风险评估的要素之一。

安全事件及其后果是分析威胁的重要依据，但是有相当一部分威胁发生时，由于未能造成后果，或者没有被人们意识到，而被安全管理人员忽略，这将导致对安全威胁的认识出现偏差。

在威胁评估过程中，首先就要对机构需要保护的每一项关键资产进行威胁识别。应根据资产所处的环境条件和资产以前遭受威胁损害的情况来判断。一项资产可能面临着多个威胁，同样一个威胁可能对不同的资产造成影响。

（2）威胁分类

产生安全威胁的主要因素可以分为人为因素和环境因素。人为因素又可以区分为有意和无意两种；环境因素包括自然界的不可抗的因素和其他物理因素。表 2.6 提供了一种威胁来源的分类方法。

表 2.6　　　　　　　　　　　威胁来源列表

来源		描述
环境因素		由于断电、静电、灰尘、潮湿、温度、鼠蚁虫害、电磁干扰、洪灾、火灾、地震等环境条件、自然灾害、意外事故以及软件、硬件、数据、通信线路等方面的故障所带来的威胁。
人为因素	恶意人员	内部人员对信息系统进行恶意破坏；采用自主或内外勾结的方式盗窃机密信息或进行篡改，获取利益。 外部人员利用信息系统的脆弱性，对网络或系统的机密性、完整性和可用性进行破坏，以获取利益或炫耀能力。
	非恶意人员	内部人员由于缺乏责任心，或者由于不关心和不专注，或者没有遵循规章制度和操作流程而导致故障或信息损坏；内部人员由于缺乏培训、专业技能不足、不具备岗位技能等要求而导致信息系统故障或被攻击。

威胁作用形式可以是对信息系统直接或间接的攻击，例如非授权的泄露、篡改、删除等，在机密性、完整性或可用性等方面造成损害；也可能是偶发的或蓄意的事件。一般来说，威胁总要利用网络、系统、应用或数据的弱点才可能成功地对资产造成伤害。

对威胁进行分类的方式有多种，针对表 2.6 的威胁来源，可以根据其表现形式对威胁进行分类，表 2.7 提供了一种基于表现形式的威胁分类方法。

表 2.7　　　　　　　　　一种基于表现形式的威胁分类

种类	描述	威胁子类
软硬件故障	由于设备硬件故障、通信链路中断、系统本身或软件缺陷造成对业务实施、系统稳定运行的影响。	设备硬件故障、存储媒体故障、系统软件故障、应用软件故障、数据库软件故障、开发环境故障

续表

种 类	描 述	威胁子类
物理环境影响	由于断电、静电、灰尘、潮湿、温度、鼠蚁虫害、电磁干扰、洪灾、火灾、地震等环境问题或自然灾害对系统造成的影响。	
无作为或操作失误	由于应该执行而没有执行相应的操作，或无意地执行了错误的操作，对系统造成的影响。	维护错误、操作失误。
管理不到位	安全管理措施没有落实，造成安全管理不规范，或者管理混乱，从而破坏信息系统正常有序运行。	
恶意代码	故意在计算机系统上执行恶意任务的程序代码。	病毒、木马、蠕虫、陷门、逻辑炸弹等。
越权或滥用	通过采用一些措施，超越自己的权限访问了本来无权访问的资源，或者滥用自己的职权，做出破坏信息系统的行为。	非授权访问网络资源、非授权访问系统资源、滥用权限非正常修改系统配置或数据、滥用权限泄露秘密信息。
网络攻击	利用工具和技术，如侦察、密码破译、嗅探、伪造和欺骗、拒绝服务等手段，对信息系统进行攻击和入侵。	网络探测和信息采集、漏洞探测、嗅探（账户、口令、权限等）、用户身份伪造和欺骗、用户或业务数据的窃取和破坏、系统运行的控制和破坏。
物理攻击	通过物理接触造成对软件、硬件、数据的破坏。	物理破坏、盗窃。
泄密	信息泄露给不应了解的人员。	内部信息泄露、外部信息泄露。
篡改	非法修改信息，破坏信息的完整性使系统的安全性降低或信息不可用。	篡改网络配置信息、系统配置信息、安全配置信息、用户身份信息或业务数据信息。
抵赖	不承认收到的信息和所作的操作和交易。	原发抵赖、接收抵赖、第三方抵赖。

（3）威胁赋值

威胁出现的频率是衡量威胁程度的重要指标，因此威胁识别后需要对威胁频率进行赋值，以代入风险计算中。

评估者应根据经验和（或）有关的统计数据来对威胁频率进行赋值，需要综合考虑以下三个方面因素：以往安全事件报告中出现过的威胁及其频率的统计；实际环境中通过检测工具以及各种日志发现的威胁及其频率的统计；近年来国际组织发布的对于整个社会或特定行业的威胁及其频率统计，以及发布的威胁预警。

可以对威胁出现的频率进行等级化处理，不同等级分别代表威胁出现频率的高低，等级数值越大,威胁出现的频率越高。

表 2.8 提供了威胁出现频率的一种 1-5 赋值方法。在实际评估中,威胁频率的确定应在评估准备阶段根据历史统计或行业判断等进行,并需得到被评估方的认可。

表2.8　　　　　　　　　　　　威胁频率赋值表

赋值	标识	定 义
5	很高	出现的频率很高(或≥1次/周),或在大多数情况下几乎不可避免,或可以证实经常发生过;
4	高	出现的频率较高(或≥1次/月),或在大多数情况下很有可能会发生,或可以证实多次发生过;
3	中	出现的频率中等(或>1次/半年),或在某种情况下可能会发生,或被证实曾经发生过;
2	低	出现的频率较小,或一般不太可能发生,或没有被证实发生过;
1	很低	威胁几乎不可能发生,仅可能在非常罕见和例外的情况下发生。

3. 脆弱性的严重程度

(1) 脆弱性定义

脆弱性评估也称为弱点评估,是安全风险评估中重要的内容。弱点是资产本身存在的,它可以被威胁利用、引起资产的损害。弱点包括物理环境、机构、过程、人员、管理、配置、硬件、软件和信息等各种资产的脆弱性。

弱点虽然是资产本身固有的,但它本身不会造成损失,它只是一种可能被威胁利用而造成损失的条件或环境。所以,如果没有相应的威胁发生,单纯的弱点并不会对资产造成损害。那些暂时没有安全威胁的弱点可以不需要实施安全保护措施,但他们必须被记录下来以确保当环境、条件有所变化时能随之加以控制。需要强调的是,不正确的、起不到应有作用的或没有正确实施的安全保护措施本身就可能是一个安全薄弱环节。

脆弱性识别所采用的方法主要有:问卷调查、人员问询、工具扫描、手动检查、文档审查、渗透测试等。脆弱性识别将针对每一项需要保护的信息资产,找出每一种威胁所能利用的脆弱性,并对脆弱性的严重程度进行评估,即对脆弱性被威胁利用的可能性进行评估,最终为其赋予相应等级值。在进行脆弱性评估识别时,提供的数据应该来自于这些资产的所有者或使用者,识别工作则应由来自于相关业务领域的专家参与进行。

(2) 脆弱性分类

脆弱性可以从技术和管理两个方面进行分类,涉及物理层、网络层、系统层、应用层、管理层等各个层面的安全问题。其中,在技术脆弱性评估方面主要是通过远程和本地两种方式进行系统扫描、对网络设备和主机等进行人工抽查,以保证技术脆弱性评估的全面性和有效性;管理脆弱性评估方面则可以按照 BS7799 等标准的安全管理要求对现有的安全管理制度及其执行情况进行检查,发现其中的管理漏洞和不足。表 2.9 可作为脆弱性分类的参考。

表 2.9　脆弱性分类

脆弱性分类	名称	包含内容
技术脆弱性	物理安全	物理设备的访问控制、电力供应等;
	网络安全	基础网络架构、网络传输加密、访问控制、网络设备安全漏洞、设备配置安全等;
	系统安全	系统软件安全漏洞、系统软件配置安全等;
	应用安全	应用软件安全漏洞、软件安全功能、数据防护等。
管理脆弱性	安全管理	安全策略、机构安全、资产分类与控制、人员安全、物理和环境安全、通信与操作管理、访问控制、系统开发与维护、业务连接性、符合性。

资产的脆弱性与机构对其所采用的安全控制有关。因此,判定威胁发生的可能性时应特别关注已有的安全控制对资产脆弱性的影响。

（3）脆弱性赋值

可以根据对资产的损害程度、技术实现的难易程度、弱点的流行程度,采用等级区分方式对已识别的脆弱性的严重程度进行赋值。由于很多弱点反映的是同一类问题,或可能造成相似的后果,赋值时应综合考虑这些弱点,以确定该类脆弱性的严重程度；另外,资产的技术脆弱性严重程度还受到组织管理脆弱性的影响。因此,资产的脆弱性赋值时还应参考技术管理和组织管理脆弱性的严重程度。

对脆弱性严重程度进行等级化处理,不同的等级分别代表资产脆弱性严重程度的高低,等级数值越大,脆弱性严重程度越高。表 2.10 提供了脆弱性严重程度的一种 1-5 赋值方法。

表 2.10　脆弱性严重程度赋值表

等级	标识	定义
5	很高	如果被威胁利用,将对资产造成完全损害;
4	高	如果被威胁利用,将对资产造成重大损害;
3	中	如果被威胁利用,将对资产造成一般损害;
2	低	如果被威胁利用,将对资产造成较小损害;
1	很低	如果被威胁利用,将对资产造成的损害可以忽略。

2.1.3　信息系统安全风险分布

对于一个信息系统,当信息从信源 A 到达信宿 B,根据信息的处理流程,其风险存在的最大区域可分为 9 个区域,从左向右依次为信源 A、发送方终端、发送方局域网系统、发送方网络边界、公共网区域、接收方网络边界、接收方局域网系统、接收方终端、信宿 B 等 9 部分,分别设为 $\omega_1, \omega_2, \cdots, \omega_9$,如图 2.3 所示。

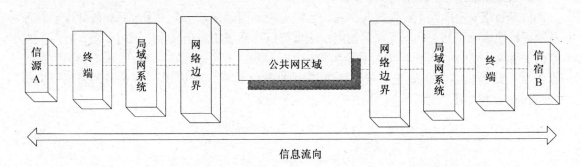

图2.3 信息流经过信息系统示意图

信息系统的安全风险在不同的区域、不同的时段分布情况是不同的,下面根据信息系统的资源分布情况讨论其安全风险的时空分布。

1. 信息系统安全风险的空间分布

信息系统的安全风险在不同的区域其分布情况是不同的。根据信息系统资源分布的描述,对于一个信息系统,信息从信源到信宿,将经过9个区域,依次为 $\omega_1, \omega_2, \cdots, \omega_9$。记系统风险的集合为 Ω,则:$\Omega = \{\omega_1, \omega_2, \cdots, \omega_9\}$。

对于不同的风险域,其运行环境的可控性是不一样的,将运行环境为可控的风险域记为 ω,不可控的风险域记为 $\overline{\omega}$,既包含可控区域又包含不可控区域的风险域记为 $\widetilde{\omega}$,则上式可进一步表示为:$\Omega = \{\omega_1, \omega_2, \omega_3, \widetilde{\omega}_4, \overline{\omega}_5, \widetilde{\omega}_6, \omega_7, \omega_8, \omega_9\}$。

为便于分析信息系统安全风险的分布,以信息系统的安全特性(机密性、完整性和可用性等)为纵坐标,按信息流划分的风险域中的资源为横坐标,构建信息系统安全风险分布的坐标系。该坐标系为查找和描述信息系统安全风险提供了一种简便方法,如图2.4所示。

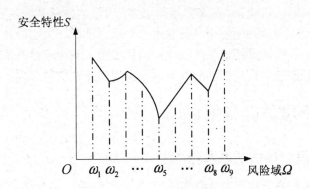

图2.4 各风险域下的信息系统安全风险

而且,由于风险域的划分是根据信息流向按顺序划分的,所以当信息流反向时发送方也就变成了接收方,故信息源的安全风险点分布与信宿的安全风险点分布相同,发送方人机界面区域、局域网系统以及网络边界与接收方的人机界面区域、局域网系统以及网络边界相同。须指出,这里的安全风险点分布相同是指安全风险域中安全风险的分布情况相同,但风险强度值和风险等级不一定相同。

2. 信息系统安全风险的时间分布

信息系统安全风险不仅仅与其存在的区域有关，同时又是一个关于时间的函数，而且各风险区域的影响相互关联。为简化问题，这里把信息系统的安全风险考虑成一个含有两个参数的变量 $R(\Omega, L(t))$，其中，Ω 为系统风险存在的区域，$L(t)$ 表示在时刻 t 系统安全风险的等级强度。此向量表明了安全风险时间和空间的变化关系，形成了一个安全风险谱（Risk Spectrum），可用图 2.5 所示的三维空间表示这个谱。

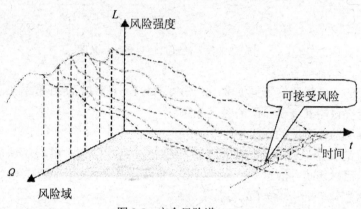

图 2.5 安全风险谱

在实际应用中，还可将信息系统的安全风险定义为某一特定区域的安全风险，而将 t 设定为一个时间段。对每一时间段，就可以得到一个采样点，随着风险采样点的逐个不断进行，安全风险分析也就自然地离散开来，再将其串连起来，对每一个安全风险存在区域而言，就可以形成一条安全风险曲线。

对于整个信息系统，通过将形成的信息系统各区域的安全风险曲线在三维空间中表示出来也就形成了一张离散的风险谱。在离散风险谱中，通过对信息系统各要素安全风险的量化、评估及比较，可以很直观地判断安全风险发生的时段、区域、大小以及是否超出警界范围，通过安全控制器对不同区域采用恰当的安全策略和措施，防止信息系统的安全风险超越控制范围，将安全风险控制在可接受的程度内，从而实现信息系统的规划、决策与控制。

2.2 信息安全风险评估准则

2.2.1 信息安全风险评估的基本特点

信息安全风险评估具有以下基本特点：

（1）决策支持性：所有的安全风险评估都旨在为安全管理提供支持和服务，无论它发生在系统生命周期的哪个阶段，所不同的只在于其支持的管理决策阶段和内容。

（2）比较分析性：对信息安全管理和运营的各种安全方案进行比较，对各种情况下的技术、经济投入和结果进行分析、权衡。

（3）前提假设性：在风险评估中所使用的各种评估数据有两种，一是系统既定事实的描述数据；二是根据系统各种假设前提条件确定的预测数据。不管发生在系统生命周期的哪个阶段，在评估时，人们都必须对尚未确定的各种情况作出必要的假设，然后确定相应的预测数据，并据此作出系统风险评估。没有哪个风险评估不需要给定假设前提条件，因此信息安全风险评估具有前提假设性这一基本特性。

（4）时效性：必须及时使用信息安全风险评估的结果，加强信息安全管理、增强信息安全有效防护。

（5）主观与客观集成性：信息安全风险评估是主观假设和判断与客观情况和数据的结合。

（6）目的性：信息安全风险评估的最终目的是为信息安全管理决策和控制措施的实施提供支持。

信息安全风险评估的这些基本特点将在很大程度上影响风险评估的操作方式和操作结果。

2.2.2 基于BS 7799标准的信息安全风险评估准则

根据BS 7799信息安全管理标准，本书所依据的信息系统安全风险评估准则可确定如下：

（1）制定安全需求

识别出机构的安全需求很重要。安全需求有三个主要来源：一是对机构所面临的风险的评估，经过评估风险，可以找出对资产安全的威胁，由此对漏洞出现的可能性及造成的损失作出估计；二是机构与合作伙伴、供应商及服务提供者共同遵守的法律、法令、规例及合约条文的要求；三是机构为业务正常运作所特别制定的原则、目标及信息处理的规定。

（2）评估安全风险

安全需求经过系统地评估安全风险而得到确认。只要安全风险评估是现实可行且有益的，该评估就可以在整个机构或机构的一部分、单个信息系统、某个系统部件上进行。安全风险评估是系统地考虑下列内容的结果：

a. 安全措施失效后所造成的业务损失，要考虑到信息及其他资产失去机密性、完整性和可用性的潜在后果；

b. 最常见的威胁、漏洞以及最近实施的安全控制失败的现实可能性。

评估结果有助于指导和确定合适的管理行动，并管理信息安全风险的优先次序，以及实施抵御风险的合适安全控制。风险评估及安全控制可能要重复几次，以便覆盖机构不同部门和整个信息系统。另需注意的是，要定期复审安全风险及实施的安全控制，以便考虑业务需求和优先级的变化，明确新出现的威胁与漏洞及确认安全控制仍然有效并且合适。

（3）选择控制风险

一旦找出了安全需求，下一步应是选择及实施安全控制来保证把安全风险降低到可接受水平。安全控制可以从此标准或其他有关标准中选择，也可以自己设计满足特定要求的控制策略。另外，需了解到一些安全控制并不适用于每个信息系统或环境，且并非对所有的机构都可行。安全控制的选择应该基于实施该安全控制的费用和由此减少的有关风险，以及发生安全事件后所造成的损失（包括非金钱上的损失）。

2.2.3 基于BS 7799标准的分析

BS 7799标准的金字塔式结构显而易见，这使得借助它实施风险评估十分清晰流畅，实施人员可以依据目录分门别类进行选择和操作。同时，它还便于在风险评估后进行核查、教育和培训。然而，BS 7799标准亦存在以下不足之处：

（1）标准中的控制目标、控制方式的要求并未包含信息安全管理的全部，机构可以根需要考虑另外的控制目标和控制方式；

（2）作为一个管理标准，它不具有技术标准所必须的测量精度；

（3）BS 7799没有在要项和目标之间区分重要性，即没有设置权重，而是将各层次内的条目并列看待，这不符合各个行业有所区分的实际；

（4）BS 7799没有提供标准的实施方法，由此增加了风险评估实施的困难性。

由以上分析可知，作为一个管理标准，尽管BS 7799完整覆盖了当前信息安全中的所有内容，提供了统一的规范和要求。但标准中并未就该标准如何实施作说明。同时，由于该标准自身也具有鲜明的特点，所以很有必要针对该标准设计一套分析方法和评估工具，从而做到对其有效、灵活的应用与实施。目前，国内还没有开发出类似的评估工具，针对该标准的评估工作尚处于起步阶段。依据评估标准对信息系统进行行之有效的安全风险分析，需要一套科学可行的风险评估指标体系，这些构成了本教材讨论的重点。

2.2.4 风险接受准则

1. 基本准则

风险接受准则表示了在规定的时间内或某一行为阶段中可接受的总体风险等级，它为风险分析以及制定减小风险的措施提供了参考依据，需要在风险评估工作开展之前预先给出。此外，风险接受准则应尽可能地反映出安全目标以及行为特征。

风险接受准则可以通过定量或定性方式来定义，但无论何种定义，都必须包括或满足以下几方面内容或要求：

（1）工程中的安全性要求；

（2）公认的行为标准；

（3）偶发事件及其效应的知识积累；

（4）从自身活动和相关事故中得到的经验。

在具体应用中，风险接受准则可分为：定量研究中的高风险接受准则、风险矩阵、最低合理可行原则（As Low As Reasonably Practicable，ALARP）和风险比较准则。

下面重点对风险矩阵和ALARP原则进行介绍。

2. 风险矩阵

当涉及多种风险或单个灾害性事故的风险值难以计算时，表示风险的一种比较适用的方法是将事故发生的概率和相应后果置于一个矩阵中，该矩阵称为风险矩阵，如图2.6所示。

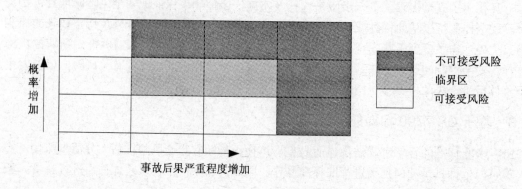

图2.6 风险矩阵

风险矩阵分为三个区域：

(1) 不可接受风险区域；

(2) 可接受风险区域；

(3) 不可接受风险与可接受风险之间的临近区域。

在临界区域需要进行风险评估，以决定是否需要采取减小风险措施，或者是否需要预先做进一步的研究。

可以接受的风险极限值通过在矩阵中定义可接受和不可接受风险区域来设定。

风险矩阵可用于定性的风险评估，也可用于定量的风险评估。若将概率粗略地以稀少和频繁，后果以小、中和灾难性来分类，那么可用风险矩阵来表示定性分析的结果。若风险矩阵中的分类和分块区域用连续性的变量来替代，则可用于定量分析。

3. ALARP 原则

(1) ALARP 原则的基本含义

ALARP 的意义是：任何信息资产都面临风险，不可能通过预防措施彻底消除。信息资产的风险水平越低，想再进一步降低风险就越困难，其成本往往呈指数曲线上升。也就是说，安全改进措施投资的边际效益将递减，最终趋于零甚至为负值。因此，必须在信息的风险水平和成本之间做出权衡和折中。ALARP 原则可用图 2.7 来表示：

图 2.7 ALARP 原则

风险评估的 ALARP 原则涉及以下几点：

其一，对信息资产及信息系统安全性进行定量风险评估。若评估得到的风险指标在不可容忍线之上，则落入不可容忍区。此时，除特殊情况外，该风险是无论如何不能被接受的。

其二，若评估得到的风险指标在可忽略线之下，则落入可忽略区。此时，该风险是可以被接受的，无须再采取安全改进措施。

其三，若评估得到的风险指标在可忽略线与不可容忍线之间，则落入可容忍区，即 ALARP 区风险水平符合 ALARP 原则。此时，需进行安全措施投资成本—风险分析(cost-risk analysis)。如果分析结果表明进一步增加安全措施投资对信息系统风险水平降低的贡献不大，那么认为风险是可容忍的，即允许该风险继续存在，以节省一定的成本。

(2) ALARP 原则的经济学本质

同工业系统的生产活动一样，采取安全措施、降低信息资产风险的活动也是经济行为，同样服从一些共同的经济规律。在经济学中，主要用生产函数来描述和解释工业安全工作，并在此基础上依据边际产出变化规律来分析 ALARP 原则的经济学本质。

经济学中的生产函数（production function）是指生产过程中产生要素投入和产出之间数量关系的数学表达式，其一般形式为：

$$x = f(I_0) = f(A_1, A_2, \cdots, A_n) \tag{2.2.1}$$

其中，x 为产出的产品数量；$I_0(A_1, A_2, \cdots, A_n)$ 为投入的各种生产要素的数量和其他影响产出数量的因素。

类似地，可以建立风险函数的概念。风险函数是信息安全管理工作投入（安全措施）和产出（信息资本的风险水平）之间的数量关系表达式，可以表达为：

$$R = f(I) \tag{2.2.2}$$

其中，产出 R 为信息资产面临的风险水平，可用信息泄露、信息不可用、信息被篡改等来度量；投入 I 为信息空间的安全措施投资，包括硬件投入和软件投入。硬件投入指安全设备（如防火墙、入侵检测系统、杀病毒软件、消防器材、火灾监测系统等）的购置、安装和维修维护费用等；软件投入指人员安全操作培训、安全文化建设、专职安全人员的工资与福利等费用以及其他安全管理费用，如与信息安全风险分析相关的科研经费等。

生产函数中的边际产出（marginal product）指其他生产要素投入量不变的情况，某一特定的生产要素投入量每增加一个单位所带来的生产增加量。

在公式（2.2.2）的风险函数中，系统安全措施投资 I 的边际产出为 MP_I：

$$\text{MP}_I = \frac{\partial R}{\partial I} \tag{2.2.3}$$

在经济学的生产函数理论中，一般认为生产要素的边际产出服从先递增、后递减的规律，我们认为公式（2.2.3）的风险函数也服从此规律。

信息资产安全措施投资 I 的边际产出函数图形如图 2.8 所示，在 OA 段，边际产出递增；超出 A 点后，边际产出递减。

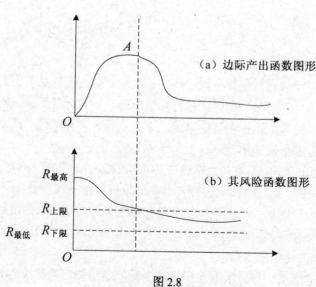

（a）边际产出函数图形

（b）其风险函数图形

图 2.8

在系统当前技术状态下，信息的风险水平最低为 $R_{最低}$，即无论采取何种安全措施，系统的风险水平都不可能再低于 $R_{最低}$。只有对工业系统进行技术升级，才有可能进一步降低工作系统的风险水平。

从以上分析可以看到，信息安全风险评估与管理应遵循这种原则，不可能达到完全没有风险，对信息资产风险进行定量化计算的目的是为了确定风险的位置以及处理风险的先后顺序。

2.3 信息安全风险评估流程

按照 GJB 5371—2005《信息技术安全评估准则》，信息系统安全风险与信息资产、威胁、脆弱性以及安全措施等相关因素有关。信息系统安全风险评估的主要内容就是在充分识别各风险要素的基础上，综合考虑各要素间的内在关联性，重现实际存在或潜在的威胁场景，分析和确定其可能造成的影响，以及造成后果的可能性，从而确定风险，为风险控制提供合理的依据。风险评估的实施流程包括评估准备、风险因素识别、风险确定以及风险控制四个步骤。信息系统安全风险评估的实施流程如图 2.9 所示。

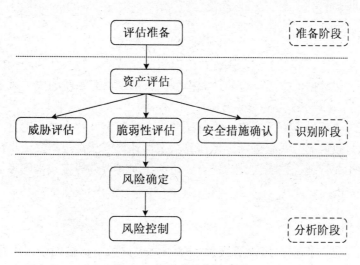

图 2.9　风险评估实施流程

2.3.1 评估准备

信息系统安全风险评估是一项复杂的、系统化的活动，为了保证评估过程的可控性以及评估结果的客观性，在正式的风险评估实施前，要进行充分的准备和准确的计划。风险评估准备一般应做到以下几点：

（1）明确风险评估的目标。风险评估的目标是评估对象的机密性、完整性、可用性等要满足机构业务持续发展的需要、满足高层领导决策的需要、满足某些外部或内部的强制要求等。

（2）确定风险评估的范围。确定系统的评估范围一般包括明确信息系统结构、软硬件资产，给出系统功能、边界、关键资产和敏感资产等。

(3) 建立适当的评估团队。组建适当的风险评估管理团队和实施团队,以支持整个过程的推进,保证评估工作的顺利和高效开展。

(4) 选择风险评估的方法和工具。风险评估方法和工具的选择应考虑评估的范围、目的、时间、效果、人员素质等因素,使之能够与具体环境相适应。

(5) 获得高层领导的支持。风险评估应得到高层管理者的批准,并对下属人员进行传达,以明确相关人员在风险评估中的任务。

2.3.2 风险识别

识别阶段的主要工作是识别信息安全风险要素(包括信息资产、威胁、弱点)的风险,以及已有的安全措施的效果。经过识别阶段采集到的数据将被用于分析阶段作为风险分析的依据。本书 2.1.2 节已对信息安全风险要素识别做过详细讨论,在此不赘述。而有效的安全性措施可以降低安全事件发生的可能性,减轻安全事件造成的不良影响。因此,组织应对已采取的安全措施进行识别并对其有效性进行确认,防止控制措施的重复实施,同时可为后续的风险确定提供依据。安全控制措施可以分为预防性控制措施和保护性控制措施两种,其中预防性控制措施可以降低威胁发生的可能性和减少安全脆弱性,而保护性控制措施可以减少因威胁发生所造成的影响。

2.3.3 风险确定

经过识别阶段之后,得到了信息系统在信息资产、威胁、脆弱性和安全控制措施方面的相关数据,利用这些数据,按照一定的计算模型,来确定信息系统的安全风险,并合理地进行描述。

在具体的风险分析过程中,风险计算方法分为定量和定性两大类。定量计算方法是通过将风险量化为具体数值的方式来进行定量计算。定性计算方法是根据安全事件的统计记录,并通过与组织的相关管理、技术人员的讨论、访谈、问卷调查等方式来确定信息系统的安全风险等级。

2.3.4 风险控制

当确定了信息系统的安全风险等级后,就需要根据风险评估的结果进行相应的风险处理。考虑到信息系统的安全风险具有危害严重、不可转移等特性,信息系统安全风险的处理方式包括以下三种:

(1) 降低风险:对于不能接受的风险,采取适当的控制措施,如系统安全加固、修补漏洞、人员培训等,减少风险发生的可能性,降低风险发生的影响。

(2) 避免风险:对于可以通过技术措施或管理/操作措施避免的风险,应当采取措施予以避免,如内外网隔离措施等。

(3) 接受风险:对于那些已采取措施予以降低或避免的风险,出于实际和其他方面的原因,其残余风险在组织接受的范围内,可以考虑接受风险。

习 题 2

1. 风险的定义是什么?

2. 信息系统安全风险要素有哪三类？
3. 信息安全风险评估的基本特点是什么？
4. 简述信息安全风险评估流程。

第3章　信息安全风险评估工具

风险评估离不开风险评估工具，风险评估工具是保证风险评估结果可信度的一个重要因素。风险评估工具不仅可以将技术人员从繁杂的资产统计、风险评估工作过程中解脱出来，而且可以完成一些人力无法完成的工作，如网络或主机中漏洞的发现等。另外，在历史数据存储、积累和专家知识分析、提炼等方面，风险评估工具也具有诸多优势，可以极大地减少专业顾问的负担，为各种形式的风险评估（如自我评估、检查评估等）提供有力支持。

信息安全风险评估工具可分为三大类：

（1）管理型信息安全风险评估工具：它根据一定的安全管理模型，基于专家经验，对输入、输出进行分析；

（2）技术型信息安全风险评估工具：它主要用于信息系统部件（如操作系统、数据库系统、网络设备等）的漏洞分析，或实施渗透测试；

（3）信息安全风险评估辅助工具：它是一套集成了风险评估各类知识和判据的管理信息系统，用于规范风险评估过程和操作方法，或者用于收集风险评估所需的数据和资料。

3.1 选择信息安全风险评估工具的基本原则

信息安全风险评估工具的设计目的是测试一个主机、系统或应用在攻击面前的坚固程度。一些厂商宣称其产品能检测出数百种甚至数万种不同的安全缺陷，不管怎样，任何风险评估工具都应至少能够检测和分析出常见的攻击行为特征，除此之外，作为一个优秀的风险评估工具，还必须能够更进一步，找到可能预示着不完善的缺陷之处，如找到可能空白的口令、可能配置不当的权限、可能开放太宽的网络共享资源、可能错误启用的 Guest 账户等。

选择信息安全风险评估工具必须慎之又慎，市面上不乏优秀的厂商和优秀的产品，但一个在一定环境、系统和应用条件下表现出色的工具却不一定适合另外的环境、系统和应用条件，因此必须具体问题具体分析，做出明智的选择。

以下是在选择信息安全风险评估工具时应考虑到的若干基本原则：

（1）实际需求原则

首先应搞清楚风险评估未来的运行平台和应用平台，例如，对一个纯 Windows 的环境，就应选择一个运行于 Windows 上、擅长分析 Windows 缺陷和漏洞的工具，如 Nessus 是一个广受欢迎的风险评估免费工具，它能够检测多种 Windows 漏洞，不过，它是一个运行于 Windows 客户机端的软件工具，需要一个 UNIX 或 Linux 主机来运行服务器端的软件。

现在看到的许多 Windows 风险评估工具似乎跟不上时代步伐，这些工具最擅长和最注重的是测试低版本的 Windows NT 系统。因此在选购时一定要留意工具是否能够识别最新的操作系统以及检测新操作系统所特有的安全问题（如 Universal Plug and Play，445 端口的 NetBIOS 通信、组策略等）。另外，目前的大多数风险评估工具只能对 TCP/IP 协议进行分析，对 Novell 或 Macintosh 网络，必须考虑到 TCP/IP 之外的其他协议可能存在的问题。

（2）试用原则

看一个风险评估工具能否满足用户要求，最好的办法是在正式购买前测试、试用一下，在用户实际的环境和系统下看看工具能否有效运行。不过，大多数厂商提供的试用版都对功能做了诸多限制，在试用过程中必须考虑到这一点。

（3）实用原则

为了提高实用性，风险评估工具不仅应能提供风险分析报告，而且还应能找出特定系统的安全弱点，并帮助管理员对漏洞做好修补工作。一个好的风险评估工具将具备良好的人机界面，具有依托互联网的强大服务功能，能够通过互联网为用户提供有关漏洞的详细说明、风险程度、修复措施等，一些工具甚至提供了能够自动实现网络安全漏洞修补的脚本。

（4）是否满足脚本数量与更新速度要求

纯粹的数量有时不能说明问题，原因是有些厂商把许多相关的漏洞算作一个漏洞，而有些厂商则把它们算作多个漏洞，因此数量上可能会有很大差别，一些优秀的风险评估工具，如 CVE，能把每一种测试都链接到一个标准的漏洞案例 ID 上。必须留意风险评估工具的更新频率，看它是自动更新的还是需要手工进行更新，以及在发现新的安全威胁后它需要多长时间才能推出新的版本。

（5）是否具有报表导出功能

只能内部使用的扫描结果报表也许能够满足最初的需要，但若经常对系统进行风险评估，则最好能将生成的报表导出到外部数据库来，以便进行更深层次的比较和分析。

（6）是否支持不同级别的入侵测试

所有风险评估工具都有这样的警告：入侵测试过程可能产生 Dos 攻击，或导致受测系统挂起。一般地，在高访问量期间对担负关键任务的系统不应运行风险评估工具。原因是风险评估工具本身可能带来问题，引起服务中断或系统死机。大多数高级的风险评估工具允许执行侵害程度较小的入侵测试，以免造成系统运行中断。

（7）是否需要在线服务

有些风险评估工具以在线服务的形式提供，其优点是不占用硬件资源，成本较低，可以从任何地方运行和获取报表，自动执行更新，其缺点是服务的运行速度一般较慢，不像客户端产品那样易于定制。还有一点需要指出的是，如果采用在线服务式的风险评估工具，那么扫描得到的网络缺陷或漏洞清单有可能落入第三方之手，应引起注意。

为了测试并保证网络和系统安全，适时或定期对网络和系统进行风险评估是非常必要的。为简化评估工作，组织可采用一些辅助性的自动化工具，各种工具的有效运用可帮助评估者更加全面、更加准确地完成数据采集和分析，品质好的风险评估工具不仅可以将分析人员从繁重的手工劳动中解放出来，而且最主要的是它能够将专家知识集中起来，充分发挥专家经验知识的作用。

初步选定风险评估工具后，必须做好试用工作，利用一些机器和漏洞，检验一下工具的实际使用效果，看看它是否能够找出这些漏洞、效率怎么样。已有的风险评估工具不少，但可以说没有一个是十全十美的，你所能做的是根据组织的实际网络环境、投资预算、功能要求、扫描精度、报告信息等，选择一款最合适自己要求的，并切实使之发挥作用。

目前，一些组织根据信息安全管理指南和标准开发了不少风险评估工具，为风险评估的实施提供了便利，并正逐步从基于安全标准向基于专家系统、从定性分析向定量分析发展，以满足人们越来越高、越来越多的信息安全需求。不过，从目前的状况来看，这些工具都还存在一些问题，还有许多地方需要改进。信息安全风险评估工具的完善和发展还有一段漫长的路要走。

3.2 管理型信息安全风险评估工具

3.2.1 概述

　　管理型信息安全风险评估工具根据信息所面临威胁的不同分布进行全面考虑，主要从安全管理方面入手，评估信息资产所面临的威胁。可以通过问卷的方式，也可以通过结构化的推理过程，建立模型、输入信息、得出结论、完成评估。风险评估者可以根据自己的目标需求来设计调查问卷，如 BS 7799 符合性调查问卷、控制现状调查问卷、业务流程调查问卷等。定性风险评估中，评估者一般借助调查问卷在组织的管理和运营层面上进行评估和分析，并在评估后有针对性地提出风险管理措施。风险评估工具通常建立在一定的算法基础上，风险由关键信息资产、资产面临的威胁以及威胁利用的脆弱点来确定；风险评估工具也有通过建立专家系统、利用专家经验来进行风险分析、得出评估结论的，它需要不断扩充知识库，以适应不同的评估需求。

　　管理型信息安全风险评估工具主要分为三类：

　　（1）基于国家或政府颁布的信息安全管理标准或指南的风险评估工具。如在 BS 7799 信息安全管理标准与规定基础上建立的 CRAMM、RA/SYS 等风险分析和评估工具；

　　（2）基于专家系统的风险评估工具。它利用专家系统建立规则和外部知识库，通过调查问卷方式收集组织内部的信息安全状态，对重要资产的威胁和脆弱点进行评估，生成风险评估报告，根据风险的严重程度给出风险指数，并对可能存在的问题进行分析，提出处理办法和控制措施，如 COBRA、@RISK、BDSS 等；

　　（3）基于定性或定量算法的风险评估工具。根据对各要素的指标量化以及不同的计算方法，可分为定性的和定量的风险评估工具，如 CONTROL-IT、JANBER 等为定性的风险评估工具，@RISK、BDSS、RISKWATCH 等为定性与定量相结合的风险评估工具。

3.2.2 COBRA 风险评估系统

1. COBRA 简介

　　1991 年，英国 C&A System Security 公司推出了一套风险分析工具软件（Consultative, Objective and Bi-functional Risk Analysis，COBRA），用于信息安全风险评估，它由一系列风险分析、咨询和安全评价工具组成，是一个基于专家系统的风险评估工具，它改变了传统的风险管理方法，提供了一套完整的风险分析服务，并兼容诸多风险评估方法。

　　COBRA 通过问卷方式来采集和分析数据，并对组织的风险进行定性分析，最终的评估报告中包含已识别风险的水平和推荐措施，因此，它可以被看做一个基于专家系统和扩展知识库的问卷系统。此外，COBRA 还支持基于知识的评估方法，可以将组织的安全现状与 ISO 17799 标准相比较，从中找出差距，提出弥补措施，对每个风险类别提供风险分析报告和风险值（或风险等级）。

　　COBRA 由三部分组成：问卷构建器、风险测量器和结果产生器，它本质上是一种定性风险评估工具，系统知识库模块化是它的一个主要特性，其工作机理如图 3.1 所示。

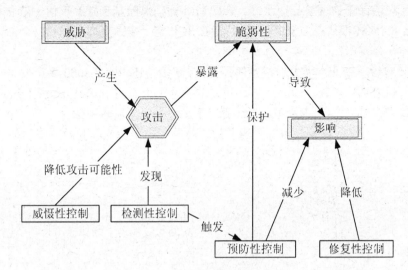

图 3.1　COBRA 的定性风险分析方法

2. COBRA 风险评估过程

COBRA 风险评估过程主要包括三个步骤：

（1）问题表构建。通过知识库模块来构建问题表，采用手动或自动方式从各个模块中选择所需的问题，构建针对具体组织风险评估的问题表。

（2）风险评估。通过填写问题表来实现整个风险评估过程；问题表的不同模块由系统的不同人员来完成，各个模块可以不同时完成，但最终的评估结果是在完成全部问题表的基础上形成的。

（3）报告生成。根据问题表的答案生成风险评估报告。报告内容包括：风险得分，由此对系统中的各类风险进行排序；分析风险可能给系统带来的影响；分析风险与系统潜在影响的关系；建议采取的安全措施、解决方案。

COBRA 运行于 PC 机上，是一种基于知识库，类似专家系统的，自动的调查问卷生成、处理和分析工具，可以帮助组织拟定符合特定标准要求的问卷，然后对问卷结果进行综合分析，在与特定标准比较后，给出最终的评估报告。COBRA 不仅具有风险评估与管理功能，而且特别适合进行如 ISO 17799 标准符合性、组织自身安全策略符合性之类的检查。

3.2.3　CRAMM 风险评估系统

1. CRAMM 简介

CRAMM（CCTA Risk Analysis and Mangement Method）是由英国政府中央计算机与电信局（Central Computer and Telecommunications Agency，CCTA）于 1985 年开发的一个定量风险分析工具，并同时支持定性风险分析。经多次版本更新，已升至第 4 版，现由 Insight 咨询公司负责管理和授权。

CRAMM 是一种可以评估信息系统风险并确定恰当对策的结构化方法，它包括全面的风险评估工具，适用于各种类型的信息系统和网络，也可以在信息系统生命周期的各个阶段使用。CRAMM 的安全模型数据库基于著名的"资产/威胁/弱点"模型，完全遵循 BS 7799

规范，包括基于资产的建模、商业影响评估、威胁和弱点的识别与评估、风险等级评估、需求识别、基于风险的评估调整与控制等。CRAMM 评估风险基于资产价值、威胁和脆弱点，这些参数在 CRAMM 评估者与资产所有者、系统使用者、技术支持人员和安全部门人员的交互活动中获得，最终给出一套安全解决方案。

CRAMM 包含一个非常庞大的决策库，拥有 70 多个逻辑组、3000 多个安全控制策略。除了能够进行风险评估之外，CRAMM 还可以对符合 ITIL（IT Infrastructure Library）指南的业务连续性管理提供支持，CRAMM 非常适用于运行系统的风险评估。

自 1987 年起，CRAMM 已得到广泛应用，英国政府大力推荐其政府部门使用 CRAMM 来对信息安全进行风险评估，CRAMM 能够为具有相似风险轮廓的信息系统提供相似的安全解决方案。

2. CRAMM 风险评估过程

同其他风险分析与评估方法一样，CRAMM 风险评估系统也取决于信息资产的价值、威胁和脆弱点，它将各种要素以问卷的形式提出，而后将答案转化为定性指标，通过风险矩阵的方法来计算风险值，再根据计算结果从库中选取适当的应对措施，形成风险评估报告。

CRAMM 评估过程的本身就体现了一种完整而细致的风险评估方法，CRAMM 风险评估过程如图 3.2 所示。

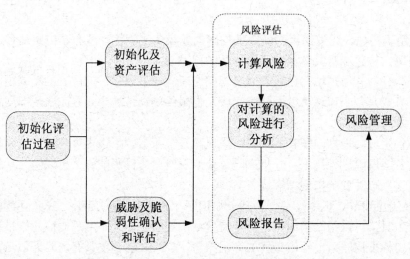

图 3.2 CRAMM 风险评估过程

CRAMM 风险评估过程主要包括三个阶段：

(1) 定义研究范围和边界，识别和评价资产。

提供鉴定系统资产的程序，并对各种资产进行估价，确定 10 个点的刻度值，以表明其对系统的影响。资产的范围可以很宽，一切需要加以保护的东西都可以算为资产，包括信息资产、纸质文件、软件资产、物理资产、人员形象、公司声誉、售后服务等，资产评估应从关键业务开始，并最终覆盖所有的关键资产。

(2) 评估风险，即对威胁和脆弱点进行评估。

CRAMM 通过调查表的形式对每组资产进行威胁和脆弱点分析，威胁和脆弱点范围包括黑客、病毒、设备或软件缺陷、蓄意损害或恐怖主义、人为失误等；发现脆弱点及由脆弱点引发的威胁，评估潜在威胁发生的可能性以及事件发生后可能造成的损失，利用这些数据，CRAMM 为每组资产确定风险级别。

（3）选择和推荐适当的对策。

在分析各种威胁及其发生可能性的基础上，研究消除、减轻、转移威胁及其风险的手段，利用现有的系统策略，并考虑基于确定风险级别的附加安全策略，制定完善的信息安全管理与控制策略。

3.2.4 ASSET 风险评估系统

ASSET（Automated Security Self-Evaluation Tool）是美国国家标准技术协会 NIST（National Institute of Standard and Technology）发布的一个可用于安全风险自我评估的软件工具，采用典型的基于知识的分析方法，通过问卷形式自动完成信息技术系统的自我安全评估，由此了解系统的安全现状及其与 NIST SP 800-26 指南之间的差距，并提出相应的对策。

NIST Special Public 800-26（NIST 特殊出版物），即信息技术系统安全自我评估指南（Security Self-Assessment Guide for Information Technology Systems），内容详尽而实用，为组织的信息技术系统风险评估提供了众多控制目标和建议措施。ASSET 是一个免费工具，可从 NIST 网站上下载，网址是 http://icat.nist.gov。

3.2.5 RiskWatch 风险评估系统

RiskWatch 是一个定量、定性风险评估相结合的工具，为物理安全和信息安全提供风险分析支持，符合 HIPPA、ISO 17799 国防信息系统认证和鉴定过程（Defense Information Systems Certification ＆Accreditation Process, DISC＆AP）、国家信息保证认证和鉴定过程（National Information Assurance Certification & Accreditation Process,NIAC&AP），可用于设备和人员的审计与弱点评估。

RiskWatch 对组织、设备、系统、应用和网络进行分析，无论其规模大小，它还能按资产、重要性、敏感性等对系统进行分类，并提供查询功能。系统的关系数据库中包含有关于威胁、资产、脆弱性、损失、防护措施及其之间关系的数据数千种。RiskWatch 将对调查表与数据库进行综合考虑，形成全面的风险评估报告，涉及资产存货清单、系统弱点、威胁分析、年度损失预期值、投资收益、安全防护措施建议等。

RiskWatch 由 7 个模块组成：

模块 1：是一个用于对系统、应用、网络或远程区域进行正式风险分析并形成报告的风险评估工具；

模块 2：支持持续的风险管理计划；

模块 3：生成安全计划；

模块 4：生成意外事故处理计划；

模块 5：用于完成针对防护措施的安全测试和评估（Security Test and Evaluation, STE）；

模块 6：是一个图形程序模块；

模块 7：是一个专家系统开发工具。

RiskWatch 带有一个调查表开发与生成工具，可根据用户要求定制调查表，它可以为各分散点分别创建调查表软盘，也可以通过网络进行信息收集，并自动完成对各远程站点脆弱性的评估。RiskWatch 既可以供军用领域应用，也可以供民用领域应用。

3.2.6 其他工具

1. BDSS

BDSS（Bayesian Decision Support System）是一个定量/定性评估相结合的风险分析工具，通过程序收集有形和无形的资产评估数据，依据系统提供的数据库，确定系统存在的潜在风险。用户可以结合定量知识库，运用相应算法来考虑系统的实际风险，并自动生成有关威胁、脆弱性、资产种类及相应防护措施的报告。BDSS 可以对采取安防措施之前和之后的威胁及其可能对系统造成的影响进行分析和比较，输出结果为典型的、基于损失值和损失概率的风险曲线图。BDSS 使用灵活，除了提供定量的分析评估报告之外，它还能提供定性的、有关系统弱点及其防护措施的建议。

2. CORA

CORA（Cost-of-Risk Analysis）是国际安全技术公司（International Security Technology Inc.，www.Ist-usa.com）开发的一个定量风险分析管理决策支持系统，可以方便地构建定量风险分析模型，采集、组织、分析和存储风险数据，为组织的风险管理决策支持提供准确的依据。CORA 包括 80 多个常见威胁的参数数据库，用户可以将这些威胁导入自己的风险管理项目中。利用 CORA 进行风险管理分为两个过程：首先它为风险分析人员提供便利的文档，用于相关风险数据的收集、存储和有效性比较；然后使用复杂的定量分析算法来计算单个事件损失（Single Occurrence Loss, SOL）和年度损失期望值（Annualized Loss Expectancy, ALE），并将结果以图形化的形式显示出来。风险管理者利用 CORA 风险模型对相应的风险管理措施进行评估和比较，以确定最佳方案，它还可以用于估计风险缓解和风险转移措施带来的投资回报（Return On Investment, ROI）。

3. RA/SYS

RA/SYS（Risk Analysis System）是一个定量的自动化风险分析系统，包括 50 多个有关脆弱性和资产以及 60 多个有关威胁的交互文件，可以开展威胁和脆弱性的计算，用于成本效益、投资收益、损失的综合评估，明确给出威胁等级和威胁频率。

4. @RISK

@RISK 是一个利用蒙特卡洛模拟法进行风险评估的定量分析工具，允许使用者在建模时应用各种概率分布函数，对所有可能及其发生概率做出评估，并以图形和报表形式予以显示，以便使用者在风险环境下做出最佳决策，从而避免损失。@RISK 加载于 Excel 上，为 Excel 增添了高级模型和风险分析功能。@RISK 由美国 Palisade 公司开发了公司网址为 www.palisade.com。

5. A-BOX

A-BOX 是启明星辰公司推出的一个信息安全风险自评估工具，它以脆弱性管理为核心，提供了以下主要功能：

（1）以资产为核心的风险评估和风险管理：基于业务资产模型，建立对象的信息资产库，进行信息资产管理并赋予安全属性。

（2）风险评估项目管理：创建风险评估项目工程，定义风险评估和管理流程，对资产进行威胁评估和弱点评估，计算风险并对评估过程进行跟踪与管理。

（3）安全基线管理：提供了用于定义信息资产和业务系统安全基线的界面，提供当前安全状态与安全基线之间的比较报告，提供加固之前和之后弱点和风险级别的比较报告，以便企业更加准确地了解安全风险的状态变化。

（4）扫描任务管理：嵌入了具有自主知识产权的漏洞扫描器，具有定义扫描任务、制定扫描策略、配置扫描引擎等功能，可自动实现漏洞扫描，并将扫描结果导入数据库中，还可以对扫描状态和扫描结果进行查询。

（5）自动化的评估过程：内置了大量检查列表和审计脚本，可自动实现信息采集、典型系统分析、报告生成；内置了审计评分标准，可实现规范化的评估。

（6）安全预警公告：可实现实时的安全预警公告，各安全厂商或安全组织发布的安全预警信息可主动"推"至评估工具中。

另外，A-BOX 还能对企业安全趋势进行分析，拥有权威的安全知识库和各种原始数据导入接口，实现与当前大多数漏洞扫描产品的数据共享；建立了"业务—系统—资产"的评估对象模型，实现信息资产管理和动态安全风险管理的有机结合，从而为企业提供了统一的安全风险策略、明确的风险管理方法和持续的风险评估实践。

3.2.7 常用风险评估与管理工具对比

常用风险评估与管理工具对比情况如表 3.1 所示。

总之，风险管理工具为信息安全风险分析与评估提供了实用程序，尤其适合进行与安全标准的比较。不过，由于风险管理过程与风险设计过程分离，所以每当系统功能发生较大变动时，都需要对系统更新进行完整的风险分析与评估，耗费大量的人力、物力和时间；另外，现行的技术不能有效应对可能出现的新型攻击或威胁。当系统变得更加庞大和复杂时，这些常规的工具常会变得无法支撑，亟待出现更好的分析技术和工具。

3.3 技术型信息安全风险评估工具

技术型安全风险评估工具包括脆弱点评估工具（漏洞扫描工具）和渗透性测试工具。脆弱点评估和渗透性测试实际上都是对信息系统安全性能所作的报告，指出哪些攻击是可能的，因此成为信息系统安全方案的一个重要组成部分。

（1）脆弱点评估工具也称安全扫描器、漏洞扫描器，用于评估网络或主机系统的安全性并报告系统的脆弱点。通常，这些工具能够扫描网络、服务器、防火墙、路由器和应用程序等，寻找软件和硬件中已知的安全漏洞，确定系统是否易受已知攻击的影响，并寻找系统脆弱点，如系统安装方面是否与建立的安全策略相悖等。漏洞扫描器（包括基于网络探测的漏洞扫描器和基于主机审计的漏洞扫描器）可以对信息系统中存在的技术性漏洞（脆弱点）进行评估，列出已发现漏洞的严重程度和被利用的容易程度。典型工具有 Nessus、ISS 和 CyberCop Scanner 等。

（2）渗透性测试的目的是检测已发现的漏洞是否真正会给系统或网络环境带来威胁，并力争先于黑客发现和弥补漏洞，以期防患于未然。漏洞扫描工具提供的漏洞，通过模拟黑客攻击手段，对被检测系统进行攻击性的安全漏洞和隐患扫描，判断漏洞能否被他人所用，并提交评估报告，提出相应的整改措施。预防性安全检查可最大限度地暴露网络系统中现存的安全隐患，配合适当的整改措施，可有效地将网络系统运行风险降至最低，渗透测试是安全威胁分析的一个重要数据来源。典型工具包括黑客工具、脚本文件等。

漏洞扫描工具和渗透性工具可以很好地实现互补，通常一起使用，漏洞扫描工具效率高、

表 3.1 常用风险评估与管理工具对比

工具名称	@RISK	ASSET	BDSS	CORA	COBRA	CRAMM	RA/SYS	RiskWatch
国家/公司	美国 Palisade	美国 NIST	美国综合风险管理公司	国际安全技术公司	美国 C&A 系统安全公司	英国 Insight 咨询公司	英国 BSI	美国
体系结构	单机版	单机版	单机版	单机版	客户机/服务器模式	单机版	单机版	单机版
成熟度	成熟产品	NIST 发布	成熟产品	成熟产品	成熟产品	成熟产品	BSI 发布	成熟产品
功能	利用蒙特卡洛模拟法，进行定量风险分析	依据 NIST SP 800-26，对信息技术系统进行风险评估	结合定量知识库，通过算法对系统实际的风险进行分析	定量的风险分析，管理决策支持系统	依据 ISO 17799 进行风险评估	包括全面的风险评估工具，并完全遵循 BS 7799 规范	定量的自动化风险分析系统	综合各类相关的标准，进行风险评估和风险管理
所用方法	专家系统	基于知识的分析算法	专家系统	过程式算法	专家系统	过程式算法	过程式算法	专家系统
定性/定量算法	定量	定性/定量结合	定性/定量结合	定量	定性/定量结合	定性/定量结合	定量	定性/定量结合
数据采集形式	调查文件	调查问卷	调查问卷	调查文件	调查文件	过程	过程	调查文件
对使用人员的要求	无需风险评估专业知识	无需风险评估专业知识	无需风险评估专业知识	无需风险评估专业知识	无需风险评估专业知识	依靠评估人员的知识与经验	依靠评估人员的知识与经验	无需专业知识
结果输出形式	决策支持信息	提供控制目标和建议	安全防护措施列表	决策支持信息	结果报告、风险等级、控制措施	风险等级、控制措施（基于 BS 7799 提供的控制措施）	风险等级（基于 BS 7799 提供的控制措施）	风险分析综合报告
相关网址	www.palisade.com	csrc.nist.gov/asset		www.ist-usa.com	www.welcom.com	www.insight.com		www.riskwatch.com

速度快，但存在一定的误报率，不能发现深层次、复杂的安全问题；渗透测试需要投入的人力资源大、对测试者的专业技能要求高，渗透测试及其报告的价值直接依赖于测试者的专业技能，但它可以发现逻辑性更强、层次更深的系统脆弱点。

3.3.1 漏洞扫描工具

对于系统和网络管理员而言，评估和管理网络系统潜在的安全风险变得越来越重要。主动的漏洞扫描将在危险发生之前，帮助用户先于入侵者识别和确定不希望出现的服务或安全漏洞，并及时进行弥补，实现安全防护。网络环境日益复杂，因此漏洞检查工具一般在网络层、操作系统层、数据库层、应用系统层等多个层面上进行检测。另外，网络是动态变化的，因此漏洞检测与评估应定期进行。漏洞扫描工具定期扫描网络或主机系统的安全漏洞，并及时将扫描结果发布给用户，切实保证网络或主机系统的安全。以便用户对关键、重大的漏洞迅速作出响应，切实保证网络或主机系统的安全。

1. 利用漏洞扫描工具进行安全评估的内容

评估内容利用漏洞扫描工具进行安全评估，主要从以下几方面入手：

（1）网络安全评估

即定期对网络进行扫描，以检测网络漏洞并作出评估。从原理上讲，网络漏洞检测就是从攻击者角度出发，模拟攻击方法和手段并结合漏洞知识库进行扫描和检测，也就是说，网络漏洞检测通过扫描工具发出模拟攻击检测包，然后侦听检测目标的响应，并收集信息，然后判断网络是否存在漏洞。网络漏洞检测与评估可以按安全级别实施，评估的安全级别越高，达到的安全程度将越高。检测范围可以包括所有的网络系统设备，如服务器、防火墙、交换机、路由器等。ISS Internet Scanner 是目前最好的网络漏洞测评工具。

（2）主机安全评估

即定期对操作系统进行扫描，以检测服务器操作系统的配置和漏洞等。操作系统的漏洞检测从检测对象的内部发起和实施，系统检测代理拥有特权身份，可以像系统管理员一样遍历操作系统内部，检查配置、搜集信息、寻找漏洞。系统检测代理主要根据漏洞知识库来检测系统安全隐患，由于采用内部检测机制，因此扫描结果非常准确。操作系统漏洞检测对象主要是重要服务器的操作系统。系统漏洞检测和评估的另一个重点是采用锁定或冻结技术，记录下系统的当前状态，即建立操作系统安全基线，而后对基线的变化情况经常进行检测，并做出安全评估。系统扫描和评估工具 System Scanner 不仅能实现上述漏洞检测和评估功能，还能提供针对安全级别和系统功能的策略模板，是一个优秀的操作系统漏洞测评工具。

（3）数据库安全评估

即定期对数据库进行扫描，检查配置、搜集信息、寻找漏洞。大型数据库系统一般能应用于网络环境，支持客户机/服务器或浏览器/服务器模式，数据库扫描是通过模拟数据库用户从远程登录到数据库服务器来实现的。数据库漏洞检测主要依据的是安全知识库，检测内容涉及数据库认证、授权、系统完整性，并根据检测结果作出评估，及时修补漏洞，以保证数据库的安全。数据库扫描和评估工具 Database Scanner 是全球第一个提出数据库漏洞检测和评估的工具。

2. 漏洞扫描工具类型

漏洞扫描工具主要分为以下几种类型：

（1）基于网络的扫描器：在网络上运行，能够监测网络中的关键性漏洞，如防火墙配置错误、连接至易受攻击服务器等。

（2）基于主机的扫描器：检测主机操作系统、文件系统、特殊服务和配置细节，能够发现潜在的用户行为风险，如密码强度不够等。

（3）战争拨号器：通过拨打一系列号码或简单的随机号码，对调制解调器进行扫描，用于检查未授权的或不安全的调制解调器，测试和评估调制解调器安全策略的有效性，防止攻击者通过这些调制解调器，越过防火墙而进入用户网络。

（4）数据库漏洞扫描器：对数据库授权、认证和完整性进行详细分析，识别和确定数据库系统中潜在的安全漏洞。

（5）分布式网络扫描器：用于企业级网络的漏洞评估，它分布于不同的位置、城市甚至国家，通常由远程扫描代理、代理更新机制和中心管理点等构成，这样就可以在一点上实现对多个地理上分布的网络的漏洞扫描。

3. 漏洞扫描工具衡量标准

漏洞扫描工具的基本衡量标准如下所述：

（1）及时更新漏洞检测库：尽管扫描器的更新一般都是在漏洞发现后才进行的，但这种更新必须及时、有规律地进行，开发商应保证扫描工具能够及时监控新发现的漏洞，而不是在一个重大漏洞发现几个月后才对漏洞检测库实施更新。

（2）主要漏洞的检测准确性：厂商常以能够检测到的漏洞数来宣传其产品，但纯粹的数量在许多时候会给人误导，事实上，并不是数量越多越好，用户需要的是能够准确识别并能够对紧急漏洞及时做出预报、响应的工具。

（3）扫描器具备某种可升级的后端，能够存储扫描结果，并具有趋势分析功能，如 Internet Scanner 能将过去的扫描结果调出，并与本次扫描结果进行比较，而 eEye 公司的 Retina 就没有管理多组扫描数据的功能。

（4）理想的扫描工具应能提供清晰且准确的漏洞信息，并提出漏洞弥补方案，查找和发现漏洞很重要，准确描述漏洞并提出防护措施同样重要，许多时候需要系统管理员能够在扫描工具的帮助下解决已发现或已出现的问题，而不总是依赖于代理或专业的网络安全公司，如 Axellt 公司的 NetRecon、ISS Internet Scanner 能提供漏洞修复信息，而 SAINT 和 SARA 在这方面就欠缺一些。

4. 常用漏洞扫描工具对比

常用漏洞扫描工具对比情况如表 3.2 所示。

漏洞扫描工具不是漏洞识别和系统保护的全方位解决方案，但确实是非常有用的工具，当然，与任何其他安全工具一样，也应认识到漏洞扫描工具的不足，即漏洞扫描工具的更新一般要滞后于新漏洞的发布，因此不能一直精确报道各种漏洞信息，也无法详尽描述各种漏洞数据。在漏洞扫描与识别过程中，应将漏洞扫描工具与可靠的系统保护措施结合起来使用。

3.3.2 渗透测试工具

渗透测试（Penetration Test）是指在客户允许及可控范围内，采取可控的、不会造成不可弥补损失的黑客入侵手法，通过对网络和系统发起"真正的"攻击，发现并利用其弱点实现对网络和系统的入侵，以检验网络和系统在真实应用环境下的安全性。

很多情况下，单纯的策略文档评估和自动安全评估往往无法发现一些潜在的安全问题，

表 3.2 常用漏洞扫描工具对比

工具名称	CyberCop Scanner	Nessus	NetRecon	ISS Internet Scanner	Retina	SARA	SAINT
平台	Windows	Linux/BSD/Unix	Windows	Windows	Windows	Linux/BSD/Unix	Linux/BSD/Unix
简介	是一个主机级的风险评估工具，利用新的远程扫描技术对网络进行评估，和漏洞扫描工具，审计程序，将各种漏洞分为低、中、高三个等级，能检测出众多漏洞，报告功能也比较实用，主要缺点是对一些重大安全漏洞无法检测	是一个很好的风险评估工具，基于安全评估技术的安全漏洞扫描工具，拥有很好的人机界面，能够完成1200多项远程安全检测，以发现常见入侵或攻击过程，确定并报告相应的修补建议	是一个基于网络的安全评估工具，利用新的远程扫描，多线程自动扫描，分析并报告安全漏洞，以安全方式模拟入侵或攻击过程，确定并报告相应的修补建议，提出相应的解决建议	是一个应用层风险评估工具，始于1992年的一个小型开放源代码扫描器，性能相当不错，但价格比较昂贵	是扫描网络内所有的主机，并报告发现的每一个缺陷	是网络系统安全综合风险评估工具，提供并开放源代码，过去是免费的，但现在已变成一个商业化产品	是一个商业化的综合风险评估工具，过去是免费的，但现在已变成一个商业化的产品
扫描类型	基于主机	基于网络	基于网络	基于主机	基于主机	基于网络	基于网络
表现形式	命令行	命令行	用户界面	命令行	用户界面	命令行	命令行
CVE对照	无	有	无	有	无	有	有
能否自动更新	能	否	能	能	能	否	否
能否修复漏洞	能	能	能	能	否	否	否
类别	商业产品	开放源代码	商业产品	商业产品	商业产品	开放源代码	商业产品
供应商	美国网络协会公司	无（开放源代码）	美国Axent/Symantec统公司	美国互联网安全系统公司	电子眼数字安全公司	无（开放源代码）	商业产品
相关网址	www.nai.com	www.nessus.org	www.symantec.com	www.iss.net	www.eeye.com	www.arc.com	www.saint.com

因此有必要进行渗透测试。许多成功的入侵都是对多个弱点综合利用的结果，这是扫描工具所无法达到的，渗透测试则为弱点严重性判断提供了良好依据。

渗透测试工具通常包括黑客工具、脚本文件等。例如，Dsniff 就是一个优秀的网络审计和渗透测试工具，是一个包含多种测试工具的软件套件，其中，dsuiff、filesnarf、mailsnarf、msgsnarf、rlsnarf 和 webspy 可用于监视网络上感兴趣的数据（如口令、E-mail、文件等），arpspoof、dnsspoof 和 macof 可容易地截取到攻击者通常难以获取的网络信息（如二层交换数据），sshmitm 和 webmitm 可用于重写 SSH 和 HTTPS 会话，以达成 monkey-in-the-middle 攻击。Dsniff 开放源代码，相关网址为 http://naughty.monkey.org/~dugsong/dsniff,Linux/BSD/UNIX/Windows 等操作系统平台。

进行渗透测试应注意以下事项：

（1）制订完善的渗透测试计划，否则渗透测试很容易"殃及池鱼"，对网络和系统的工作带来不良影响，甚至进入不可控状态。计划中，对测试范围、测试时间、所用测试方法等应形成计划文档，以便为测试工作提供良好的指导、控制和限制。另外，对测试在何种情况下视为完成以及测试后将进行哪些评估工作都应在计划中有比较明确的界定。

（2）受测方和测试团队应就测试工作以及测试后续事宜签订明确的协议，以保证双方尤其是受测方的合法利益。

（3）为保证渗透测试和模拟攻击的可控性，避免对客户网络和信息系统造成不可恢复的损害，渗透测试和模拟攻击应严格按流程进行，保证用户了解渗透测试的所有细节和风险，所有过程都应在用户控制下进行，这是进行渗透测试的必要条件。

（4）建立可靠的备份和恢复机制。为防止渗透测试过程中出现异常情况，在测试和评估之前，对所有对象系统和数据应做好备份，包括操作系统、系统信息、用户信息、配置文件、注册表、数据库、重要的电子文档和电子邮件等。

（5）渗透测试的最大风险在于测试过程中对业务产生的影响，应采取有效的措施来减小这种风险，例如，在渗透测试过程中不使用含有拒绝服务的测试策略，针对拒绝服务攻击的测试应在"克隆"一个系统后再行测试，而不应对真实系统开展此类测试，再如力争将渗透测试时间安排在业务量不大的时段进行，当出现测试对象系统没有响应的情况时，应停止测试，并与受测方相关人员一起分析情况，确定原因后立即采取必要的修复和预防措施（如调整测试策略等），而后再继续进行测试，为此，执行渗透测试和模拟攻击的人员与受测方相关人员之间应保持良好的沟通，随时准备协商和解决出现的各种问题。

（6）渗透测试报告的测试结论要明确，以便受测方快速掌握问题根源。通过渗透测试和信息分析，可能得到两种结果：一是受测系统存在重大弱点，测试者可以直接控制受测系统，此时测试者可以直接调查受测系统的弱点及其分布、原因等，并形成最终的测试报告；二是受测系统不存在重大弱点，但测试者可以获得系统普通的远程权限，此时测试者可以通过该普通权限进一步收集受测系统的信息，并积极寻求权限提升机会，以便发现更多、更大的漏洞，并形成最终的测试报告。除测试结果外，渗透测试报告应附上测试开始后的所有操作步骤，包括所用工具、设置、命令、受控系统显示信息等。另外，渗透测试报告还应包括针对发现的漏洞所提的防护措施和解决方案等，以体现渗透测试的完整价值。

3.4 风险评估辅助工具

信息系统安全风险评估辅助工具在安全风险评估中不可或缺，它主要用于收集评估所需的数据和资料，帮助测试者完成现状分析和趋势分析。常用的辅助工具有：

（1）入侵检测法

入侵检测是对入侵行为的发现，并对此做出反应的过程。通过入侵检测工具对计算机网络或系统中关键结点信息进行收集和分析，进而发现网络或系统中是否有违反安全策略的行为和被攻击的迹象。其主要功能包括：检测和分析用户与系统活动、识别已知的攻击行为、统计分析异常行为等。在信息系统安全风险评估中，也可以利用一段时间内入侵检测系统发现的入侵行为进行风险预测，提醒系统管理员注意可能发生的安全风险。

（2）安全审计法

系统安全审计是指对安全活动进行识别、记录、存储和分析，以查证是否发生安全事件的一种信息安全技术。通过安全审计工具记录网络行为，分析网络或系统的安全现状，内容包括系统配置、服务检查、操作情况审计等，审计日志记录了信息安全风险评估中的安全现状数据，可以用做判断被评估对象威胁信息的来源。

（3）检查列表法

检查列表通常基于特定标准或基线，用于特定系统的审查。利用检查列表和基于知识的分析方法，可以快速定位系统目前的安全状况及其与基线要求之间的差距。

（4）人员访谈与调查表法

信息系统安全风险评估中，对于无法通过风险评估工具采集的定性评估数据，我们只有依靠对该信息系统的了解、调研及向专家咨询等方法来获得指标数据。人员访谈法即评估者通过与组织内关键人员的访谈，了解组织的安全意识、业务操作、管理程序等重要信息。而通过问卷调查表，评估者可完成对被评估系统数据、管理、人员等信息的收集。例如，可结合 Delphi 法制定多轮调查表，反复征询专家意见，这是一种比较常用的数据收集方法。

习 题 3

1．简述选择信息安全风险评估工具的基本原则。
2．管理型信息安全风险评估工具有哪几类？
3．漏洞扫描指的是什么？
4．运用入侵检测法进行风险评估的功能有哪些？

第4章 信息安全风险评估基本方法

4.1 风险评估方法概述

4.1.1 技术评估与整体评估

技术评估是指对机构的技术基础结构和程序进行系统的、及时的检查,包括对机构内部计算环境安全性评价的完整性攻击和对内外攻击脆弱性评价的完整性攻击,这些技术驱动的评估通常包括:

(1) 评估整个计算基础结构;

(2) 使用软件工具分析基础结构及其全部组件;

(3) 提供详细的分析报告,说明检测到的技术弱点,并且可能为解决这些弱点建议具体的措施。

技术评估是通常意义上所讲的技术脆弱性评估,强调机构的技术脆弱性。但是机构的安全性遵循"木桶原则",仅仅与机构内最薄弱的环节相当,而这一环节多半是机构中的某个人。

整体风险评估扩展了上述技术评估的范围,着眼于分析机构内部与安全相关的风险,包括内部和外部的风险源、技术基础和机构结构以及基于人的风险。这些多角度的评估试图按照业务驱动程序或者目标对安全风险进行排列,关注的焦点主要集中在以下四个方面:

其一,检查与安全相关的机构实践,标识当前安全实践的优点和弱点。这一程序可能包括对信息进行比较分析,根据工业标准和最佳实践对信息进行等级评定。

其二,对系统进行技术分析,对政策进行评审,以及对物理安全进行审查。

其三,检查IT的基础结构,以确定技术上的弱点。包括恶意代码的入侵、数据的破坏或者毁灭、信息丢失、拒绝服务、访问权限和特权的未授权变更等。

其四,帮助决策制定者综合平衡风险以选择成本效益对策。

1999年,卡内基·梅隆大学的SEI发布了OCTAVE框架,这是一种自主型信息安全风险评估方法。OCTAVE方法是Alberts和Dorofee共同研究的成果,这是一种从系统的、机构的角度开发的新型信息安全评估方法,主要针对大型机构,中小型机构也可以对其进行适当裁剪,以满足自身需要。它的实践分为三个阶段:

第一阶段,建立基于资产的威胁配置文件(Threat Profile)。这是从机构的角度进行的评估。机构的全体员工阐述他们的看法,如什么对机构重要(与信息相关的资产),应当采取什么样的措施保护这些资产等。分析团队通过整理这些信息,确定对机构最重要的资产(关键资产)并标识对这些资产的威胁。

第二阶段,标识基础结构的弱点。对计算基础结构进行的评估。分析团队标识出与每种关键资产相关的关键信息技术系统和组件,然后对这些关键组件进行分析,找出导致对关键资产产生未授权行为的弱点（技术弱点）。

第三阶段，开发安全策略和计划。分析团队标识出机构关键资产的风险，并确定要采取的措施。根据对收集到的信息所作的分析，为机构开发保护策略的缓和计划，以解决关键资产的风险。

4.1.2 定性评估和定量评估

定性分析方法是最广泛使用的风险分析方法。该方法通常只关注威胁事件所带来的损失（loss），而忽略事件发生的概率（probability）。多数定性风险分析方法依据机构面临的威胁、脆弱点以及控制措施等元素来决定安全风险等级。在定性评估时并不使用具体的数据，而是指定期望值，如设定每种风险的影响值和概率值为"高"、"中"、"低"。有时单纯使用期望值，并不能明显区别风险值之间的差别。可以考虑为定性数据指定数值。例如，设"高"的值为3，"中"的值为2，"低"的值为1。但是要注意的是，这里考虑的只是风险的相对等级，并不能说明该风险到底有多大。所以，不要赋予相对等级太多的意义，否则，将会导致错误的决策。

定量分析方法利用两个基本的元素：威胁事件发生的概率和可能造成的损失。把这两个元素简单相乘的结果成为期望年损失（Annual Loss Expectancy，ALE）或预计年损失（Estimated Annual Cost，EAC）。理论上可以根据 ALE 计算威胁事件的风险等级，并且做出相应的决策。定量风险评估方法通常需要先评估特定资产的价值 V，把信息系统分解成各个组件可能更加有利于整个系统的定价，一般按功能单元进行分解；然后根据客观数据计算威胁的频率 P；最后计算威胁影响系数 μ。因为对于每一个风险，并不是所有的资产遭受的危害程度都是一样的，其危害程度的范围可能从无危害到彻底危害（即完全破坏）。根据上述三个参数，计算 ALE：

$$ALE = V \times P \times \mu$$

进行定量风险分析时要求特别关注资产的价值和威胁的量化数据，但是这种方法也存在着数据的不可靠和不准确问题。对于某些类型的安全威胁，存在可用的信息。例如，可以根据频率数据估计人们所处区域的自然灾害发生的可能性（如洪水和地震）。也可以用事件发生的频率估计一些系统出现故障的概率（如，系统崩溃和感染病毒）。但是，对于一些其他类型的威胁来说，不存在频率数据，影响和概率是难以定量描述的。此外，控制和对策措施可以减小威胁事件发生的可能性，而这些威胁事件之间又是相互关联的。这将使定量评估过程非常耗时和困难。

鉴于以上难点，可以选用客观概率和主观概率相结合的方法。应用于没有直接判断依据的情形，可能只能考虑一些间接信息、有根据的猜测、直觉或者其他主观因素，成为主观概率。应用主观概率估计由人为攻击产生的威胁时，还需要考虑一些附加的威胁属性，如动机、手段和机会等。

4.1.3 基于知识的评估和基于模型的评估

基于知识的风险评估方法主要是依靠经验进行的，经验从安全专家处获取并凭此解决相似场景的风险评估问题。这种方法的优越性在于能够直接提供推荐的保护措施、结构框架和实施计划。

基于"良好实践"的知识评估方法提出重用具有相似性机构（主要从机构的大小、范围以及市场来判断机构是否相似）的良好实践。为了能够较好地处理威胁和脆弱性分析，该方法开发了一个滥用和无用报告数据库，存储了30年来的上千个事例。同时也开发了一个扩展的信息安全框架，以辅助用户制定全面的、正确的机构安全策略。基于知识的风险评估方法充分利用多年来开发的保护措施和安全实践，依照机构的相似性程度进行快速的安全实践和包装，以减少机构的安全风险。然而，机构相似性的判定、被评估机构的安全需求分析以及关键资产的确定都是该方法的制约点。安全风险评估是一个非常复杂的过程，要求所提出的评估方法既能描述系统的细节又能描述系统的整体。

基于模型的评估可以分析出系统自身内部机制中存在的危险性因素，同时又可以发现系统与外界环境交互中的不正常并有害的行为，从而完成系统弱点和安全威胁的定性分析。比如，UML 建模语言可以用来详细说明信息系统的各个方面：不同组件之间关系的静态图用 class diagrams 来表示；用来详细说明系统的行为和功能的动态图用 use diagrams 和 sequence diagrams 来表示；完整的系统使用 UML diagrams 来说明，它是系统体系结构的描述。

2001 年，BITD 开始了安全关键系统的风险分析平台工程建设 (Consultative Objective Risk Analysis System, CORAS)。该工程旨在开发基于面向对象建模技术的风险评估框架，特别之处使用 UML 建模技术。利用建模技术在此主要有三个目的：第一，在合适的抽象层次描述评估目标；第二，在风险评估的不同群组中作为通信和交互的媒介；第三，记录风险评估结果和这些结果依赖的假设。CC 准则和 CORAS 方法都使用了半形式化和形式化规范。CC 准则是通用的，并不为风险评估提供方法学。然后，相对于 CC 准则而言，CORAS 为风险评估提供了方法学，开发了具体的技术规范来进行安全风险评估。

4.1.4 动态分析与评估

信息安全管理是指导和控制机构的关于信息安全风险的相互协调的活动，关于信息安全风险的指导和控制活动通常包括制定信息安全方针、风险评估、控制目标与方式选择、风险控制、安全保证等。信息安全管理实际上是风险管理的过程，管理的基础是风险的识别和评估。

信息安全管理中认为风险的分析与评估是个动态的过程，所以相应的分析与评估方法、评估工具都要体现动态性。计划实施检查改进（Plan Do Check Action，PDCA）是当前具有代表性的动态风险管理过程，其原理如图 4.1 所示，其中，ISMS 为信息安全管理体系（Information Security Management System）。

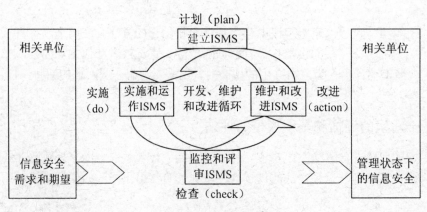

图 4.1　PDCA 原理

PDCA 的四个步骤的识别定义如下：
（1）计划（plan）：定义信息安全管理体系的范围，鉴别和评估业务风险。
（2）实施（do）：实施统一的风险治理活动以及适当的控制。
（3）检查（check）：监控控制的绩效，审查变化中环境的风险水平，执行内部信息安全管理体系审计。
（4）改进（action）：在信息安全管理体系过程方面实行改进，并对控制进行必要的改进，以满足环境的变化。

4.2 典型的风险评估方法分析

4.2.1 风险评估方法介绍

当前，存在很多风险评估的方法，这些方法遵循了基本的风险评估流程，但在具体实施手段和风险的计算方面各有不同。从计算方法区分，有定性的方法、定量的方法和半定量的方法；从实施手段区分，有基于树的技术、动态系统的技术等。在风险评估的某些具体阶段（例如威胁评估或脆弱性评估中），也存在更多的方法，如脆弱性分类方法、威胁列表等。下面将对几种典型的风险分析方法进行描述。

1. 故障树分析法（Fault Tree Analysis, FTA）

故障树分析法（FTA）是 20 世纪 60 年代提出来的，目前主要用于分析大型复杂系统的可靠性及安全性，是一种有效实用的评估方法。

故障树分析是一种 top-down（自顶向下）方法，通过对可能造成系统故障的硬件、软件、环境、人为因素进行分析，画出故障原因的各种可能组合方式和其发生概率，由总体到部分，按树状结构，逐层细化。故障树分析采用树形图的形式，把系统的故障与组成系统的部件的故障有机地联系在一起，可分为定性分析和定量分析两种方式，其基本步骤如下。

（1）建造故障树

将重大风险事件作为"顶事件"，"顶事件"的发生是由若干"中间事件"的逻辑组合所导致，"中间事件"又是由各个"底事件"的逻辑组合所导致。这样一个表征结果事件的"顶事件"在上，表示原因的"底事件"在下，中间既是下层事件的结果又是上层事件的原因的"中间事件"，构成一个倒立的树状的逻辑因果关系图，"顶事件"可用各"底事件"的逻辑组合表示。

（2）对故障树进行简化，求出故障树的全部最小割集（Minimal Cut Sets, MCS）

割集指的是故障树中一些底事件的集合，当这些底事件发生时顶事件必然发生。若在某个割集中将所含的底事件任意去掉一个，余下的底事件构不成割集，这样的割集就是最小割集。

（3）定性分析

定性分析是按每个最小割集所含的事件数目（阶数）排列，在各底事件发生概率比较小，差别不大的条件下，阶数越少的最小割集越重要；在阶数少的最小割集中出现的底事件比在阶数多的最小割集里出现的底事件重要；在阶数相同的最小割集中，在不同的最小割集里重复出现的次数越多的底事件越重要。

（4）定量分析

定量分析是通过逻辑关系最终得到"顶事件"即所分析的重大风险事件的发生概率，又称为"失效概率"，用 P_f 表示。

首先，设底事件 X_i 对应的失效概率为 q_i（$i=1, 2, \cdots, n$），n 为底事件个数，则最小割集的失效概率为：

$$P(\text{MCS}) = P(x_1 \cap x_2 \cap \cdots \cap x_m) = \prod_{i=1}^{m} q_i，其中 m 为最小割集阶数。$$

顶事件的发生概率为：

$P_f(\text{TOP}) = P(y_1 \cup y_2 \cup \cdots \cup y_k)$，其中 y_i 为最小割集，k 为最小割集个数。

P_f（TOP）的计算有三种情况：

① 当 $y_1, y_2, \cdots, y_k$ 为独立事件时，则有：

$$P_f(\text{TOP}) = 1 - \prod_{i=1}^{k}(1 - p_i)$$

② 当 $y_1, y_2, \cdots, y_k$ 为互斥事件时，则有：

$$P_f(\text{TOP}) = \prod_{i=1}^{k} p_i$$

③ 当 $y_1, y_2, \cdots, y_k$ 为相容事件时，则有：

$$P_f(\text{TOP}) = \sum_{i=1}^{k} P(y_i) - \sum_{1 \leq i \leq j \leq k} P(y_i y_j) + \cdots + (-1)^{k-1} P \prod_{i=1}^{k} y_i$$

故障树中各底事件并非同等重要，为了定量分析各个底事件对顶事件发生的影响大小，对每个底事件的重要性程度给予定量的描述，可引入重要度的概念。用 C_f 表示风险事件一旦发生造成的后果，称为"失效后果"，可用风险因子 $r = P_f + C_f - P_f C_f$ 来定量表示风险的大小。

定量的分析方法需要知道各个底事件的发生概率，当工程实际能给出大部分底事件的发生概率的数据时，可参照类似情况对少数缺乏数据的底事件给出估计值；若相当多的底事件缺乏数据而又不能给出恰当的估计值，则不适宜进行定量的分析，只能进行定性的分析。

2. 故障模式影响及危害分析法（FMECA）

故障模式影响及危害性分析（Failure Mode Effects and Criticality Analysis，FMECA）由两部分工作组成，即故障模式影响分析（failure mode and effects analysis，FMEA）和危害性分析（Criticality Analysis，CA）。FMECA 是一种可靠性、安全性、维修性、保障性分析与设计技术，用来分析、审查系统及其设备的潜在故障模式，确定其对系统和设备工作能力的影响，从而发现设计中潜在的薄弱环节，提出可能采取的预防改进措施，以消除或减少故障发生的可能性，提高系统和设备的可靠性、安全性、维修性、保障性水平。

FMECA 是一种 bottom-up 分析方法，按规定的规则记录产品设计中所有可能的故障模式，分析每种故障模式对系统的工作及状态（包括整体完好、任务成功、维修保障、系统安全等）的影响并确定单点故障，将每种故障模式按其影响的严重程度及发生概率排序，从而发现设计中潜在的薄弱环节，提出可能采取的预防改进措施（包括设计、工艺或管理），以消除或减少故障发生的可能性，保证系统的可靠性。

3. 危害及可操作性分析法（HazOp）

危害及可操作性研究（Hazard and Operability Study，HazOp）是由专家组来进行的，它是一种系统潜在危害的结构化检查方法。专家们通过"头脑风暴"会议方式，确定系统所有可能偏离正常设计的异常运行问题，并分析这种偏离正常运行的原因、可能性和可能造成的后果及后果的严重性等。而这种偏差是通过将一系列标准的引导词（guidewords）应用到正常的系统设计之上而产生，因此只要分析出造成偏差的原因，采取适当的措施防止偏差的产生，就可以防止系统的失效以及进一步可能引起的后果和危害。HazOp 是一个定性的标准危害分析技术，可用于一个新的系统或已有系统在更改后的初步安全风险评估。HazOp 分析方法的主要目标是识别出存在的问题，而不是解决问题。其生成结果是一个可能危害的列表。对每个危害，需要对可能的原因及后果进行进一步的评估。

4. 事件树分析法（ETA）

由于环境影响以及采取避免风险的措施不同，所以系统对初始事件有着不同的响应方式，因而事件的发展过程及结果也各不相同。所以应就系统或者人对事件的不同响应而导致的事件序列的不同发展过程进行分析鉴别。

事件树分析（Event Tree Analysis，ETA）又称决策树分析，是风险分析的一种重要方法。它是在给定系统事件的情况下，分析此事件可能导致的各种事件的一系列结果，从而定性与定量地评价系统的特性，并可帮助人们作出处理或防范的决策。

事件树描述了初始事件一切可能的发展方式与途径。事件树的每个环节事件（除顶事件外）均执行一定的功能措施以预防事故的发生，且其均具有二元性结果（成功或失败），在事件树建立过程中可以吸收专家知识。事件树虽然列举了导致事故发生的各种事故序列组，但这只是中间步骤，并非最后结果，有了这个中间步骤就可以进一步来整理初始事件与减少系统风险概率措施之间的复杂关系，并识别除事故序列组所对应的事故场景。

进行事件树分析可以获得定量结果，即计算每项事件序列发生的概率，但计算时需有大量统计数据。

5. 原因-结果分析法（CCA）

原因-结果分析（Cause-Consequence Analysis，CCA）实际上是故障树分析和事件树分析的混合。这种方法结合了原因分析和结果分析，因此使用演绎以及归纳的分析方法。原因-结果分析的目的是识别出导致突发后果的事件链。根据原因-结果分析图中不同事件的发生概率，就可以计算出不同结果发生的概率，从而确定系统的风险等级。

6. 风险模式影响及危害性分析法（RMECA）

风险模式影响及危害性分析（Risk Mode Effects and Criticality Analysis，RMECA）是通过分析产品所有可能的风险模式来确定每一种风险对系统和信息安全的潜在影响，找出单点风险，并按其影响的严重程度及其发生的概率，确定其危害性，从而发现系统中潜在的薄弱环节，以便选择恰当的控制方式消除或减轻这些影响。

RMECA 是按规定的规则记录系统中所有可能的故障模式，分析每种故障模式对系统工作状态的影响并确定单点风险，将每种风险模式按其影响的严重程度及发生概率排序，从而发现系统中潜在的薄弱环节，提出可能采取的预防改进措施，以消除或减少风险发生的可能性，保证系统的可靠性。

RMECA 由两部分工作构成，即风险模式影响分析（Risk Mode and Effects Analysis, RMEA）和危害性分析（Criticality Analysis, CA）。在进行这种分析时应把所研究的每一种分析看做是系统唯一的风险。RMECA 是 CA 的基础。

RMECA 是通过下列步骤来实现的：

Step 1：定义被分析的系统。

Step 2：绘制系统功能图和安全性框图。
Step 3：确定信息系统所有潜在的风险模式，并确定这些模式对系统相关功能的影响。
Step 4：按最坏的潜在后果评估每一种风险模式，确定其严重性。
Step 5：确定每一种风险模式发生的概率。
Step 6：确定每一种风险模式发生的频数比。
Step 7：分析风险模式的危害度。
Step 8：分析系统的危害度及风险损失。

如果已进行过故障树分析，则可以直接用其结果代入 Step 1、Step 2、Step 3、Step 5。

风险模式发生的频数比是指系统以风险模式 j 引发顶事件的百分比。

风险模式危害度 C_{mj} 是系统危害度数值的一部分，是系统在特定严重性类别下的那些风险模式中的某一风险模式所具有的危害度数值。对给定的严重性和任务阶段而言，系统的第 j 个风险模式的危害度 C_{mj} 可由下式计算：

$$C_{mj} = \lambda_e \times a_j \times \beta_j \times t$$

其中，λ_e 是顶事件 e 发生的概率，a_j 是风险模式频数比，β_j 是风险影响概率，t 是工作时间。

因此，系统的危害度 C_r 是指系统在特定严重性类别下那些风险模式所具有的危害度数值。它是系统在这一严重性类别下的各风险模式危害度 C_{mj} 的总和，即：

$$C_r = \sum_{j=1}^{n} C_{mj} = \sum_{j=1}^{n} (\lambda_e \times a_j \times \beta_j \times t)$$

其中，n 是该系统在相应严重性类别下的风险模式数。

系统风险损失是以货币或其他可度量的数值评价系统在风险模式下的损失期望值，它是各子项事件风险损失期望值的总和。

$$I_j = \lambda_e \times a_j \times \beta_j \times t \times I_e$$

$$I = \sum_{j=1}^{n} I_j$$

其中，I_j 是风险模式 j 下的风险损失，I 是系统总的风险损失，I_e 是顶事件 e 发生时造成的实际损失估价。

通过对系统风险损失或指定风险模式下的风险损失的分析，可以更加精确地掌握系统所存在的潜在经济损失期望值，从而为选择控制方式，应急方案等决策提供有力的支撑。

7. 风险评审技术（VERT）

风险评审技术（Venture Evaluation Review Technique，VERT）是一种以管理系统为对象，以随机网络仿真为手段的风险定量分析技术。在软件项目研制过程中，管理部门经常要在外部环境不确定和信息不完备的条件下，对一些可能的方案作出决策，于是决策往往带有一定的风险性，这种风险决策通常涉及三个方面，即时间（或进度）、费用（投资和运行成本）和性能（技术参数或投资效益），这不仅包含着因不确定性和信息不足所造成的决策偏差，而且也包含着决策的错误。

VERT 正是为适应某些高度不确定性和风险性的决策问题而开发的一种网络仿真系统。在 20 世纪 80 年代初期，VERT 首先在美国大型系统研制计划和评估中得到应用。VERT 在本质上仍属于随机网络仿真技术，按照工程项目和研制项目的实施过程，建立对应的随机网络模型。根据每项活动或任务的性质，在网络节点上设置多种输入和输出逻辑功能，使网络模型能够充分反映实际过程的逻辑关系和随机约束。同时，VERT 还在每项活动上提供多种赋值功能，建模人员可对每项活动付给时间周期、费用和性能指标，并且能够同时对这三项指标进行仿真运行。因此，VERT 仿真可以给出在不同性能指标下，相应时间周期和费用的概率分布、项目在技术上获得成功或失败的概率等。

VERT 的原理是通过丰富的节点逻辑功能，控制一定的时间流、费用流和性能流流向相应的活动。每次仿真运行，通过蒙特卡洛模拟，这些参数流在网络中按概率随机流向不同的部分，经历不同的活动而产生不同的变化，最后至某一终止状态。用户多次仿真后，通过节点收集到的各参数了解系统情况以辅助决策。如果网络结构合理，逻辑关系及数学关系正确，且数据准确，就可以较好地模拟实际系统研制时间、费用及性能的分布，从而知道系统研制的风险。

8. 概率风险评估（PRA）& 动态概率风险评估（DPRA）

概率风险评估（Probabilistic Risk Assessment, PRA）和动态概率风险评估（Dynamic Probabilistic Risk Assessment, DPRA）是定性评估与定量计算相结合，以事件树和故障树为核心的分析方法。将其运用到系统安全风险分析领域，其分析步骤如下：

Step 1：识别系统中存在的事件，找出风险源。

Step 2：对各风险源考察其在系统安全中的地位及相互逻辑关系，给出系统的风险源树。

Step 3：标识各风险源后果大小和风险概率。

Step 4：对风险源通过逻辑及数学方法进行组合，最后得到系统风险的度量。

如果是用 DPRA 进行评估，则还需考虑它们在时间上的关系。

PRA 运用主逻辑图（Master Logic Diagram, MLD）、事件树分析（ETA）以及故障树分析（FTA）综合对风险进行评估，提供一种将系统逐步分解转化为初始事件的方法，并最终确定导致系统失败的事件组合及失效概率。

其分析过程如图 4.2 所示。

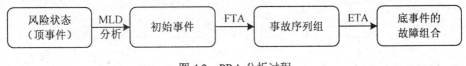

图 4.2　PRA 分析过程

DPRA 与 PRA 的分析过程基本一样，只不过还需要考虑与时间的关系。

使用 PRA 方法，利用基于事故场景的方法分析研究实际系统，可以识别出系统设计与运行中的薄弱环节、潜在风险及其原因，分析风险所导致的事故序列；对各种相关因素进行量化与综合，确切描述系统可能发生的危险状态。

9. 层次分析法（AHP）

层次分析法（AHP）是由美国著名运筹学专家 Satty 于 20 世纪 70 年代提出来的一种定性与定量相结合的多目标决策分析方法。这一方法的核心是将决策者的经验判断给予量化，从而为决策者提供定量形式的决策依据，其基本思路是：首先找出问题设计的主要因素，将这些因素按其关联隶属关系构成递阶层次结构模型，通过各层次中各因素间的两两比较，确定诸因素的相对重要性，然后进行综合判断，确定各因素的综合权重。

AHP 法的基本步骤如下：

（1）建立递阶层次结构模型

对系统进行分解，将复杂的系统分解为由多个元素组成的几部分，再将这些元素按属性分成若干组，形成不同层次，同一层次的元素作为准则层对下一层次的元素起支配作用，同时又受到上一层次元素的支配。

基本层次有三类：目标层、准则层和指标层。其中，最高层是目标层，给出了评估的总体目标。中间层是准则层（或分指标层），给出评估的准则。将系统的总目标进行分解，可以获得多个准则，分别用多个元素表示。底层是指标层（或因素层），即进行系统评估的具体评估指标，表示影响目标实现的各种因素。典型的递阶层次结构模型如图 4.3 所示。

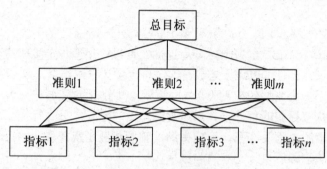

图 4.3　层次结构模型

（2）构造判断矩阵

判断矩阵的作用是在上一层某一元素的约束条件下，对同层次的元素之间的相对重要性进行比较。根据心理学家提出的"人区分信息等级的极限能力为 7 ± 2"的研究结论，层次分析法在对元素的相对重要性进行判断时，可利用 1～9 标度法来标度重要性程度的赋值，构造出判断矩阵，1～9 标度法的含义见表 4.1。

表 4.1　1～9 标度的含义

标　度	含　义
1	元素 i 与元素 j 相比，重要性相当
3	元素 i 与元素 j 相比，稍微重要
5	元素 i 与元素 j 相比，重要
7	元素 i 与元素 j 相比，很重要
9	元素 i 与元素 j 相比，极其重要
2，4，6，8	上述相邻判断的中值
倒数	元素 i 与元素 j 相比为 a，则元素 j 与元素 i 相比为 $1/a$

对于 n 个元素，可得到判断矩阵 $A = (a_{ij})_{n \times n}$，矩阵中的元素 a_{ij} 表示元素 i 与元素 j 相对重要性的两两比较值。

（3）层次单排序及一致性检验

该步要解决的是某一准则下各元素排序权重的计算问题，并对判断矩阵进行一致性检验。通过求解判断矩阵的最大特征根及其对应的特征向量，可以确定对于上一层次的某个元素而言，本层次中与其相关的元素的相对风险权重。

（4）层次总排序及一致性检验

为得到各层次结构中每一层各元素相对总目标的相对权重，进行总排序，需要将上一步计算的单排序结果进行合成，最终得到最底层各元素相对总目标的相对权重，并对整个递阶层次结构的一致性进行检验。

4.2.2 方法比较

由上述内容可知，风险评估大致可分为定性、定量、定性与定量相结合的评估方法。定量的风险分析方法是在定性的基础上实现的。

定性风险分析是一种典型的模糊分析方法，可以快捷地对资源、威胁、脆弱性进行系统评估，并对现有的防范措施进行评价。从主观的角度对风险成分进行排序，因此常被首选。它是主要依据研究者的知识、经验、历史教训、政策走向以及特殊实例等非量化资料对系统风险状况作出判断的过程。

定量风险分析是在定性分析的逻辑基础上，按照设备的更新费用，每个资源的费用，每次威胁攻击的定量频次，为资产、威胁和脆弱性提供的一套系统分析手段。分析所形成的量化值，大大增加了与运行机制和各项规范、制度等紧密结合的可操作性，分析的目标能够更加具体明确，其可信度显然会大大增加，这将为应急计划的确定提供更可依赖的依据。

当然，随着风险分析方法的逐渐成熟，结合定性和定量风险分析的综合性方法也得到了很大的应用。较为成熟的方法有 PRA、DPRA 及 AHP 风险分析方法。

1. 定性与定量评估方法的比较

风险分析的方式不外乎是定性和定量或者它们两者的组合，因此在选择它们的时候就必须根据要求和应用进行。表 4.2 简单比较了定性和定量分析方法的优缺点。

表 4.2　　　　　　　　　定性和定量分析方法的优缺点

风险评估方法	优　点	缺　点
定性方法	全面、深入	主观性太强，对评估者要求高
定量方法	直观、客观、对比性强	简单化、模糊化会造成误解或曲解

2. 几种常见评估方法的比较

表 4.3 是常见的定性风险评估方法的总结与比较，从该表中可以看出它们之间的不同之处。

表 4.3　　　　　　　　　几种定性分析方法的比较

评估方法	特 点	优 点	缺 点
故障树分析	由初因事件开始找出引起此事件的各种失效的组合和风险排列	适用于找出各种失效事件的可能方式以及这些风险的排序	大型故障树不易于理解,包含复杂的逻辑关系,需要知道各个底事件的发生概率
事件树分析	由初因事件出发考查由此引起的不同事件链	可用于找出由于一种失效所引起的后果或各种不同后果	不能分析平行产生的后果,不适用于详细分析
风险模式影响及危害性分析	考虑每一部件的所有失效模式,确定各部件的相对重要性,以便改进系统性能	易于理解,广泛采用,不需要教学方法	只能用于考虑非危险性失效,花费时间,一般不能考虑各种失效的综合效应与人的因素
原因-结果分析	由中间事件出发,向前用事件树分析,向后用故障树分析	非常灵活,可以包罗一切可能性,易于文件化,可以清楚地表明因果关系	因果图很容易复杂化,此方法具有与故障树方法同样的缺点
德尔菲法	采用匿名发表意见的方式,通过多轮专家调查,经过反复征询、归纳、修改,最后汇总成专家基本一致的看法,作为评估的结果	能够综合各位专家的意见,做到取长补短,同时能避免由于主观带来的影响	过程比较复杂,花费时间较长

3. 几种定量评估方法的比较

表 4.4 给出了几种定量评估方法的比较。

表 4.4　　　　　　　　　几种定量评估方法的比较

评估方法	特 点	优 点	缺 点
故障树分析	由初因事件开始找出引起此事件的各种失效的组合和风险排列	适用于找出各种失效事件的可能方式以及这些风险的排序	大型故障树不易于理解,包含复杂的逻辑关系,需要知道各个底事件的发生概率
风险评审技术	模拟实际系统的研制时间、费用及性能的分布,从而预测系统研制的风险	可以针对不同条件对系统开发的风险进行预测	需要多次仿真,数据准确性要求高,要求网络结构合理

4. 几种综合评估方法的比较

表 4.5 给出了几种综合评估方法的总结和比较。

表 4.5　　　　　几种综合风险评估方法的总结和比较

评估方法	特　点	优　点	缺　点
概率风险评估	以定性评估和定量计算相结合，将系统逐步分解转化为初始事件进行分析。确定系统失效的事件组合及失效概率	识别风险及原因，给出导致风险的事故序列和事故发生的概率	要求数据收集的准确性和全面性
动态概率风险评估	能够与时间紧密结合，确定系统失效的事件组合及失效概率	识别风险及原因，给出导致风险的事故序列和事故发生的概率，而且具备动态性	要求数据收集的准确性和全面性，且时间要求较紧
层次分析法	对系统进行分层次、拟定量、规范化处理。为决策者提供定量形式的决策依据	对决策分析问题的解决提供了好方法，可以评估最底层各个元素在总目标中的风险程度	需要求解判断矩阵的最大特征根及其对应的特征向量

习　题　4

1. 什么是技术评估？
2. 典型的信息安全风险评估方法有哪些？试分析各种方法的特点，并指出其适用性。
3. 简述运用层次分析法进行评估的步骤。

第5章 信息安全风险系统综合评估

5.1 信息安全风险系统综合评估思想

信息安全风险评估是一项复杂的系统工程，需考虑系统诸多评估因素，有些评估因素可以用量化的形式来表达，而有些因素却难以量化，必须将定性分析和定量研究相结合来考虑评估问题，也就是将基于多元统计的风险评估方法与基于知识与决策技术的风险评估方法综合运用，即多种方法的综合。

基于多元统计的安全风险分析方法，通常运用数量指标来对评估对象进行系统安全性分析评估，比较典型的方法有聚类分析法、故障树分析法、事件树分析法、因子分析法、时序模型、回归模型、风险图法等。其优点是用直观的数据来表述评估的结果，看起来一目了然，而且比较客观。基于多元统计的系统安全性分析方法的采用，可以使研究结果更科学、更严密、更深刻，有时用一个数据就能够清楚地阐述较为复杂的问题。

而基于知识与决策技术的安全风险分析方法，主要依据评估者的知识与经验，借鉴推理及非量化资料等对系统安全性状况作出判断的过程。它主要以与评估对象的深入了解等为基本资料，然后通过一个理论推导演绎的分析框架，对资料进行系统分析，在此基础上借助专家的智慧与经验，再作出系统安全性评估的结论。典型的基于知识与决策技术的安全性分析方法有主因素分析法、逻辑分析法、群决策方法等。基于知识与决策技术的安全性分析方法的采用，避免了一些定量方法在系统安全性分析与评估中的不足，而且可以挖掘出某些蕴含很深的系统安全评估思想，使系统安全性评估的结论更全面、更深刻。

另外，还有一些基于创新性方法的安全风险分析方法，如基于信息熵理论、粗糙集理论、神经网络理论以及多种理论相结合的安全性评估方法。系统风险评估的主要目的是量化系统运行过程中可能发生的各类风险，估计风险的可能性和对系统正常工作的影响程度，进而划分风险的优先级，为制定系统风险管理计划及对系统风险进行监控提供依据和参考。

我们把上述方法归纳为一类基于系统综合的信息安全风险评估方法。基于系统综合的安全风险评估，就是针对信息安全风险的不确定性，利用模糊集、灰色系统、粗糙集等不确定性数学理论方法，丰富 CORAS 评估方法的内涵，量化信息系统安全风险，并最终给出合理的评估结论。常见的基于系统综合的评估方法有：基于模糊理论的 FAHP 方法、基于灰色系统理论的灰色 AHP 方法及基于模糊神经网络理论的 FNN 方法等。该类方法较之以往的信息安全评估方法更为科学合理，是当前信息安全风险评估方法的应用趋势。

5.2 信息安全风险评估指标体系构建

5.2.1 评估指标体系的层次结构模型

信息系统安全涉及的因素众多,且层次结构复杂,需要对影响评估结果的各个风险因素进行分析和综合。因此,评估指标体系通常是按照一定的层次结构组合而成的递阶层次结构。指标体系的递阶层次结构模型如图 5.1 所示。

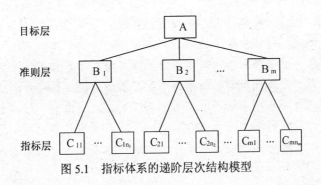

图 5.1 指标体系的递阶层次结构模型

各层的含义和内容如下:

(1) 目标层

最高层是总目标层,给出了风险评估的总体目标。

(2) 准则层

中间层是准则层或分指标层,给出对系统进行风险评估的准则。将风险评估的总目标进行分解,可以获得多个准则,分别用多个元素表示。根据不同问题,准则层可以再进一步划分为子准则层,以便详细评估分析。

(3) 指标层

底层是指标层或因素层,即进行系统安全风险评估的具体评估指标,表示影响目标实现的各种因素。需指出的是,有些指标只设一层可能会感到不够具体,对于这样的指标,可以再分解出第二层,称为二级评估指标,作为递阶层次模型的第四层,依次类推,可以继续往下分解。

5.2.2 信息安全风险评估指标体系建立

1. 专家的选择

(1) 专家的概念

英国 Mboden 教授在《同行评议》报告中,把"专家"强调为"在本领域的前沿从事创新工作"和"既了解该研究领域的前景,又要了解作为一个有活力的研究人员的经历,以评审其申请项目中的措施规划能否取得预期的结果"的人。这两句话都强调专家既要站在研究前沿,又要善于判断何为"有活力的研究人员"。

李明德先生在《美国的科研资助制和合同制》一书中概括了美国学术界对专家素质的普遍看法,那就是"他们应该是正活跃在第一线从事研究工作的科学家;他们应该不是政府部门的雇员;他们必须要有从事研究工作的丰富经验,并且在研究工作中卓有成效",因为"只有具备了这些条件,他们才有能力对研究建议书的科学价值作出客观的分析和判断。"这里表达的仍是同样的意思:评议专家应该是第一流的专家。这样才可能对本领域的各项信息有很深的了解。

专家不一定是资格老、地位高的人,而是在特定领域有专长的人。专家还可以是年轻的无头衔的实际工作者。如针对信息系统安全风险评估工作,其评估专家的选择可以界定为"在信息安全研究与应用领域从事创新工作,有十年以上的科研与管理经历,既了解信息安全研究的前景,又对信息系统使用现状有较深入了解"的一批专业技术人员、高层管理人员。

(2) 专家的选择原则

B. Brown.指出:挑选专家是进行综合评价成败的一个重要问题。为了保证在进行的方案选型中结果的高可信度,可建立如下专家选择的原则:

熟悉原则:所选专家必须对本领域非常熟悉,或者对本领域的一个方面非常熟悉,为了达到这个要求所选专家必须在本领域和本领域所涉及的方面工作十年以上。

权威原则:所选专家应在本领域或本领域涉及的某一方面具有较高的知名度,在本领域或本领域涉及的某一方面有较高的造诣,只有这样,其评判才具有可信度。因此所选专家应具有高级以上职称,或是长期在该领域工作的专业技术人员、高层管理人员。

自愿原则:在聘请专家进行评价时,必须遵循自愿原则,只有专家对这项工作感兴趣,其作出的评判才是可信的。

专业合理配比原则:由于信息安全风险评估对象一般都是复杂的大系统,它涉及信息系统机密性、完整性、可用性的综合评价,对资产、威胁、脆弱性等诸方面均要有所考虑,这就需要所聘请的专家必须包含这些领域。

多年龄层次原则:随着人年龄的增长,其看问题的思路也就不同。年龄大的人看问题全面,但过于谨慎;而年轻人勇于开拓,往往具有很强的创新性,但看问题较片面。因此在选聘专家时,应该选取各个年龄层次的专家,形成互补。

基本人数原则:在保证专家应答率的基础上,选择专家的数量只要足以使评价达到所要求的评价结果的代表性即可。专家人数过多,会增加工作的时间和费用、难易形成评价结论;过少,则会导致专家评判的片面性、主观性。据统计,Delphi 法的可信度和小组参加人数呈函数关系,即随着人数的增加可信度提高,但当人数接近 20 人时,进一步增加小组专家人数对可信度提高影响不大,如图 5.2 所示,因而小组人数一般以 10~20 人为宜。

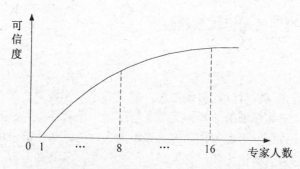

图 5.2 专家评判的可信度与专家人数的关系

此外,还必须保证专家有时间参与和客观评判原则。经验表明,一个身居要职的专家匆忙填写的调查表，往往不如一般专家经过深思熟虑认真填写的调查表更有价值。而且当专家和某参评单位关系密切时，其评判意见很可能会倾向于该参评单位。

2. 调查问卷的设计

调查表是 Delphi 法的工具，它是调研者与专家之间交流信息的媒介与桥梁，而且专家们将按照调查表的设计来发表自己的意见并作出评价和预测。调查表设计质量的好坏直接关系到评价、预测的成败和质量优劣，因此是 Delphi 法成功的关键。

调研者应紧紧围绕课题，从不同角度提出若干课题要求的有针对性的问题向专家咨询。调查表的设计原则为：

（1）调查人员必须对要调查的事件占有比较充分的资料，对现状有一定的了解，这是设计出好的调查表的前提，且调研者不应在调查表中掺入自己的意见。

（2）调查表中对事件的描述要做到文字清楚明确，使专家对文字的理解一致。

（3）调查表的设计应尽可能表格化、符号化、数字化，且易于填答。

（4）问题的数目要适当，一般应限制在 25 个，并且每个问题只可包括一个事件，不得出现重复事件。

3. 指标体系的建立过程

指标体系的基本层次分为目标层、准则层和指标层。其中，目标层是问题的总体目标，准则层是指影响目标实现的准则，指标层是指促使目标实现的措施。信息系统的安全风险评估涉及面广，不确定因素众多，仅凭决策者和决策分析人员的工作是远远不够的，必须借助各方面专家的知识和经验来完成，本书采用 Delphi 法四轮专家调查表建立指标体系。

第一步，设计第一轮调查表，收集专家认为影响信息系统安全风险的因素。由于并不是所有专家都清楚信息系统安全风险评估的含义，因此，有必要事先向受咨询者明确信息系统安全风险评估的概念和含义。

第二步，回收第一轮调查表，并汇总制定第二轮调查表。从第一轮调查表反馈的信息可知专家对影响信息系统安全风险的因素集中在物理环境、物理保障、计算机、网络设备、输入/输出设备、存储介质、计算机操作系统、网络操作系统、通用应用平台、系统管理员、网络管理员、操作员、软硬件维修人员等方面。依据汇总结果将安全风险指标再区分为物理环境及保障、硬件设施、软件设施和管理者风险等四个分指标，设计出第二轮专家调查表，针对各分指标，收集专家认为影响信息系统安全风险的具体因素。

第三步，回收第二轮调查表，并汇总制定第三轮调查表。从第二轮调查表反馈回来的信息可见，专家所列的安全风险指标明显增多，主要增加了传输介质及转换器、监控设备、网络通信协议、网络管理软件、系统安全员、存储介质保管员等。依据汇总的结果，制定第三轮调查表，收集专家对于已有指标的意见，看是否有不适合作为评估指标的因素，是否还有哪些因素没有考虑进来。

第四步，回收第三轮调查表，汇总得出信息系统安全风险评估指标体系。从第三轮调查表反馈的信息可知，大多数专家认为第三轮调查表中所列指标已经能够反映信息系统的安全风险，只有个别专家补充了一些指标，未将其纳入指标体系，原因在于第三轮调查表所列出的指标已经隐含了这些指标。由此可得出信息安全性评估指标体系，如图 5.3 所示。

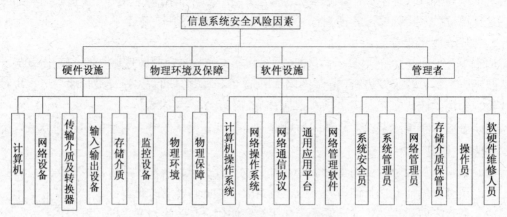

图 5.3 信息安全风险指标体系

5.2.3 信息系统安全风险因素的系统分析

1. 物理环境及保障安全风险

物理环境及保障安全风险因素包括物理环境和物理保障两方面，具体如图 5.4 所示，各层指标的具体含义解释如下：

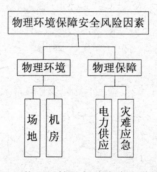

图 5.4 物理环境及保障安全风险因素

（1）物理环境

场地：主要安全风险分为场地选址不当，即场地选址不符合规范，易受自然灾害、环境污染、强磁场、静电等的影响；场地安全措施不当，即安全措施不符合规范，没有有效的区域防护措施，攻击者可能进行物理破坏、侦测、窃听等攻击；自然灾害，即火灾、水灾、地震、雷击等自然灾害会对系统严重破坏。

机房：主要安全风险分为机房布局不当，即机房的布局不符合规范，将不利于管理，特别是分区域出入控制的管理；安全措施不当，即机房电磁屏蔽不合要求，电器接地与信号接零布局混乱。

（2）物理保障

电力供应：主要安全风险为电器干扰，即配电线路和环境的电器噪音、电力供应的突然中断或电压波动，都可引起系统运行中断或故障、重要数据丢失，甚至造成系统瘫痪或损坏。

灾难应急：主要安全风险为灾难应急措施不当，即一旦出现自然灾害，不能及时采取应急措施，如报警等；没有有效的应急计划，对应急计划的演练、实施等缺乏专人负责制度。

2. 硬件设施安全风险

硬件设施安全风险要素包括计算机、网络设备、传输介质及转换器、输入输出设备、存储介质与监控设备等六个方面，具体如图5.5所示，各层指标的含义解释如下：

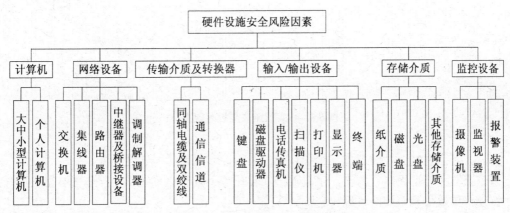

图 5.5　硬件设施安全风险因素

（1）计算机

大/中/小型计算机和个人计算机：其安全风险主要为老化、处理器缺陷/兼容性、人为破坏、辐射和滥用等。

（2）网络设备

交换机：其安全风险主要为物理威胁、欺诈、拒绝服务、访问滥用、不安全的、状态转换、后门和设计缺陷等。

集线器：其安全风险主要为人为破坏、后门和设计缺陷等。

路由器：其安全风险主要为人为破坏、后门、设计缺陷和修改配置等。

中继器及桥接设备：其安全风险主要为老化、人为破坏和电磁辐射等。

调制解调器：其安全风险主要为自然老化、人为破坏、电磁辐射、后门和设计缺陷等。

（3）传输介质及转换器

同轴电缆及双绞线和通信信道：其安全风险主要为电磁辐射、电磁干扰、搭线窃听、人为破坏等。

另外，由于输入/输出设备、存储介质与监控设备的安全风险显而易见，在此不过多论述。

3. 软件设施安全风险

软件设施安全风险因素包括计算机操作系统、网络操作系统、网络通信协议、通用应用平台与网络管理软件等五个方面，具体如图5.6所示，各层指标的具体含义解释如下：

（1）计算机操作系统

缺陷：常用操作系统如 UNIX，DOS，Windows NT 等在开发时对安全问题考虑不周而留下的缺陷或漏洞，往往被攻击者开发或直接用来进行系统攻击。

后门：操作系统开发者由于系统诊断、维护或其他目的而有意或无意留下的，攻击者可用此获得操作特权。

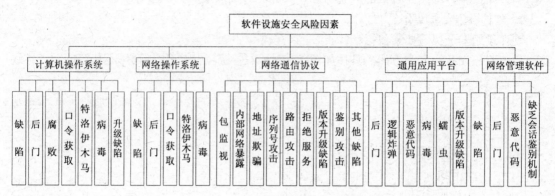

图 5.6 软件设施安全风险因素

腐败：操作系统不及时整理和维护，使安全特性和运行的稳定性降低。

口令获取：包括偷窃、猜测、字典攻击和转让等手段获取系统口令，非法取得对系统的操作特权，导致信息系统的管理权转移。

特洛伊木马：是一种程序，将恶意代码藏在表面上无害的程序中，一旦进入系统，在满足一定条件时便会危及系统。

病毒：一种能将自己复制进入全机或磁盘执行自检区域的程序，一旦执行被感染的程序，便会破坏系统的正常功能。

升级缺陷：操作系统的版本升级/更新后，功能调整和出现向下不兼容问题，导致系统脆弱性分布发生变化，使得原有安全策略/措施失效。

（2）网络操作系统

缺陷：网络操作系统在开发时对安全问题考虑不周而留下的缺陷或漏洞，往往被攻击者开发或直接利用来进行系统攻击。

后门：网络操作系统开发者由于系统诊断、维护或其他目的而有意或无意留下的，攻击者可用此获得操作特权。

口令获取：与上文相关解释同。

特洛伊木马：与上文相关解释同。

病毒：与上文相关解释同。

（3）网络通信协议

包监视：协议数据流采用明文传输，可被在线窃听、篡改和伪造；启动连接的鉴别信息、用户账号和口令等采用明文传输，为网络侦听（如使用网络分析仪等）截获数据包提供了途径。

内部网络暴露：TCP/IP 通信协议将内部网络拓扑信息暴露给公共网络，为外部攻击内部提供了目标信息。

地址欺骗：源 IP 地址极易被伪造和更改，以及 IP 地址鉴别机制的缺乏，使攻击者通过修改或伪造源 IP 地址进行地址欺骗和假冒攻击。

序列号攻击：TCP/IP 协议中所使用的随机序列号是一个具有上下限的伪随机数，因而是可猜测的，攻击者利用猜测的序列号来组织攻击。

路由攻击：TCP/IP 网络动态地传递新的路由信息，但缺乏对路由信息的认证，因此伪造的或来自非可信源的路由信息就可能导致对路由机制的攻击。

拒绝服务：许多 TCP/IP 协议实现中的缺点都能被用来实施拒绝服务攻击，如邮件炸弹、TCP SYN flooding，ICMP echo floods 等。

版本升级缺陷：协议相关软件版本升级/更新后，功能调整和出现向下不兼容问题，导致系统安全脆弱性分布发生变化，使得原有安全策略/措施失效/减弱。

鉴别攻击：TCP/IP 协议不能对节点上的用户进行有效的身份认证，因此服务器无法鉴别登录用户的身份合法性。

其他缺陷：其他非 TCP/IP 协议的缺陷。

（4）通用应用平台

后门：指在应用软件中含有其所有者未授权的特殊代码，一般是程序开发者为维护或其他用途有意或无意留下的，这类后门可提供进入系统核心的途径。

逻辑炸弹：指故意编写或修改的程序，当满足某种条件时就会产生预料不到的效果，这些结果是合法用户或软件所有者没有授权的；可以在单独的程序中，可以是蠕虫的一部分，也可以是病毒；时间炸弹就是其中一种。

恶意代码：一些有不良企图的恶意代码，能够影响应用软件的正常功能，一般包含在其他程序中，如作为病毒的组成部分。

病毒：与上文相关解释同。

蠕虫：一种独立式的程序，通常在网络中复制。

版本升级缺陷：软件版本升级/更新后，功能调整和出现向下不兼容问题，导致系统安全脆弱性分布发生变化，使得原有安全策略/措施失效/减弱。

缺陷：指软件开发者无意留下的缺陷或漏洞。

（5）网络管理软件

后门：指在网络管理软件中含有的特殊代码，一般是程序开发者有意或无意留下的，本身没有危害，但可通过这些代码获得软硬件设备的标识信息，或进入系统特权控制的信息。

恶意代码：一些有不良企图的恶意代码，能够影响网络管理软件的正常功能，一般包含在其他程序中，如作为病毒的组成部分。

缺乏会话鉴别机制：大部分网络管理软件的通信会话采用极为简单的会话鉴别机制，且使用"公共变量格式"传输和存储管理信息；攻击者一旦猜到会话口令，便能修改或删除管理信息造成灾难性后果。

4. 管理者安全风险

管理者安全风险因素包括系统安全员、系统管理员、网络管理员、信息存储介质保管员、操作员与软硬件维修人员等六项，具体如图 5.7 所示，各指标含义解释如下：

（1）系统管理员、信息安全管理员、存储介质保管员与软硬件维修人员

失职：由于业务素质原因或疏忽大意，违反操作规程，造成系统配置管理不当，影响系统安全。

蓄意破坏：篡改系统数据、泄露信息和破坏系统的软硬件等。

（2）网络管理员与操作员

操作失误：由于业务素质原因或疏忽大意，违反操作规程，不能有效地管理和维护信息系统，影响其正常运作。

蓄意破坏：包括篡改系统数据、泄露信息和破坏系统的软硬件等。

图 5.7 管理者安全风险因素

5.3 信息安全风险评估指标处理方法

信息系统安全风险评估指标体系的建立，使整个信息系统的综合情况得到了体现。但由于信息系统本身的复杂性，使各风险指标多种多样，根据各指标的性质，一般来说，可将指标分为定量指标和定性指标两大类。但对各定量指标来说，它们具有不同的量纲，对定性指标而言，其描述的方式也不一致。因此，为了对整个系统进行综合评估，必须要将各指标进行标准化的处理，使定性指标得以科学量化，且不同量纲的指标可化为无量纲的标准化指标。

5.3.1 定性指标的量化处理方法

建立的信息系统安全风险评估指标体系中，有许多指标是定性指标，只能作定性描述。定性指标的特点是没有测量数据及定量形式，或者数据很粗糙只能以定性形式表示，且大都存在一定的模糊性。因此，定性指标就很难用经典数学的语言来描述，也很难用固定的尺度来度量。在对定性指标进行量化处理时，应比较客观地反映指标的实际情况，尽可能地将其分解成若干个可量化的分指标，对实在不能分解的定性指标，在量化方法的处理上要尽量做到科学、合理，必要时还要借助于模糊数学、灰色系统理论或物元分析方法等描述不确定现象的数学工具，以体现出该类指标的不确定性。对定性指标的量化处理上，常用的方法有以下几种。

1. 等级法

等级法是我国的传统方法，它有多种形式，如上、中、下三级制，甲、乙、丙、丁四级制，优秀、良好、中等、及格、不及格或甲、乙、丙、丁、戊五级制。有时，各级之间又被分成两部分或三部分，如优上、优下、中上、中下，或优上、优中、优下，等等，实际上就是把等级的数量扩充成 2 倍或 3 倍。

等级法的优点是简便易行，缺点是粗略，标准不好掌握。

2. 标度法

这种方法是将定性指标依问题性质划分为若干级别，分别赋以适当的量值。实际处理中，当被比较的事物在所考虑的属性方面具有同一个数量级或很接近时，定性的区别才有意义，也才有一定的精度。在估计事物的区别性时，可以用五种判断来加以表示：相等、较强、强、很强、绝对强。当需要更高精度时，还可以在相邻判断之间作出比较，这样，总共有9个数值。心理学实验表明，大多数人对不同事物在相同属性上的差别的分辨能力在5～9级之间，即在同时比较中，7±2对象为心理学极限。如果取7±2个元素进行逐对比较，它们之间的差别可以用9个数值表示出来。因此采用1～9的标度能很好地反映多数人的判断能力。

具体分值见表5.1。

表5.1　　　　　　　　　　分级指标及1～9标度打分值

	很低	低	一般	高	很高
正向指标	1	3	5	7	9
逆向指标	9	7	5	3	1

有的问题是采用五级打分来区分优劣的，即评语为优、良、一般、合格、不合格，相应的分值为 5、4、3、2、1。当然，也可以划分为其他级别和赋予其他分值，方法类似，视实际问题的具体情况而定。

3. 模糊数法或灰数法

该方法是利用模糊数学中的模糊数的概念或灰色系统理论中灰数的概念来确定定性指标的标志值，进而再进行标准化处理的。对于不确定性系统，其研究对象大都具有某种不确定性，而模糊数学和灰色系统理论是目前最常用的两种研究不确定性现象的方法。

模糊数学是一种处理模糊信息的工具，是描述和加工模糊信息的数学方法，它使数学进入模糊现象这个客观存在的世界，在传统的经典数学与模糊的现实世界之间架起了一座桥梁，用数学的方法抽象描述模糊现象，揭示模糊现象的本质与规律。模糊数学着重研究"认知不确定"问题，其研究对象具有"内涵明确，外延不明确"的特点。如"年轻人"就是一个模糊概念，每一个人都很清楚年轻人的内涵，但要划定一个确切的范围，在这个范围之内的是年轻人，范围之外的都不是年轻人，则很难办到，这是因为年轻人这个概念外延不明确。对于这类内涵明确、外延不明确的"认知不确定"问题，模糊数学主要是凭经验借助于隶属函数进行处理。

灰色系统理论是从信息的非完备性出发研究和处理复杂系统的理论，它不是从系统内部特殊的规律出发去研究系统，而是通过对系统某一层次的观测资料加以数学处理，达到在更高层次上了解系统内部变化趋势、相互关系等机制。它的数学方法是非统计方法，主要解决"小样本、贫信息不确定"问题，在系统数据较少和条件不满足统计要求的情况下，更具有实用性。与模糊数学不同的是，灰色系统理论着重研究"外延明确、内涵不明确"的对象。比如说到信息系统的数据处理速度，要控制在1~3毫秒，这里的"数据处理速度在1~3毫秒之间"就是一个灰概念，其外延是明确的，但要进一步弄清到底是哪个具体值，则不清楚。对于这类"外延明确、内涵不明确"的对象，灰色系统理论是用灰数来表示的。

在信息系统安全风险评估中，不确定性指标大都属于"内涵明确，外延不明确"的指标，对"外延明确、内涵不明确"的指标，因此，这里主要应用模糊数学理论来对指标的属性进行处理。模糊数学是用数学的方法来研究和解决模糊问题的理论，采用模糊综合评判法可使

评价从主观定性评判走向解析化与定量化的道路,其理论基础如下:

定义 5.1 设给定论域 U 与集合 A 和元素 z,若对于 U 到[0,1]闭区间的任一映射:

$$\mu_A: U \to [0, 1],$$

有:$z \to \mu_A(z)$

则 μ_A 表明确定了 U 上的一个模糊子集 A。称 μ_A 为 A 的隶属函数,$\mu_A(z)$ 为 z 关于 A 的隶属度。

定义 5.2 按照定义 4.1,z 隶属于 A 的程度可用隶属度 $\mu_A(z)$ 来表示,定义:

$$\mu_A(z) \in [0, 1];$$

且当:z 完全隶属于 A 时,$\mu_A(z)=1$;

z 完全不隶属于 A 时,$\mu_A(z)=0$。

显然,对于定性指标确定其隶属函数,实质上是用某种曲线来描述其满意程度,即隶属度函数的分布,对每项指标 z 经隶属函数映射后的结果就表征了该指标的满意程度。

4. "专家"调查表法

选择专家的一般顺序是先内部,后外部;先少数,后多数。内部和外部是相对的,可以从一个单位、地区、部门,甚至是国家的意义上来定义内部还是外部。这和所考虑的问题的大小和范围有关。先从内部选聘专家是因为对他们比较熟悉,并且可以通过他们了解外部专家的情况,逐步扩大选聘范围。

专家选定后,要定出评估指标参照标准,评估指标参照标准的等级既不能太多,也不能太少,一般采用三级或五级。若等级太少,则评判结果拉不开档次,失去了评判的意义,若等级太多,则评判结果不易集中,就会给结果的分析造成很大的麻烦。评估指标参照标准要经过调研和以往经验获得,一般建立如表 5.2 所示的调查表。

表 5.2　　　　　　　　　　专家评判表

评判要素	评判等级				
	等级1	等级2	等级3	等级4	等级5
要素1					
要素2					
……					

5. 特征向量法

在信息系统安全风险评估问题中,建立的指标体系是多层次的,而且很多指标只能定性说明,不能定量表示出来。例如在物理环境及保障中,物理环境及物理保障的安全性只能定性说明,而很难对其进行定量描述。为此,需要引入特征向量法来对这些定性指标进行定量化。

设有 n 个物体 $A_1, A_2, \cdots, A_n$,其未知的重量分别为 $w_1, w_2, \cdots, w_n$,无法直接根据其重量大小来排序,但可以判断它们之间任意两个的相对大小,于是可得由重量比值为元素的判断矩阵 A:

$$A = \begin{bmatrix} \dfrac{w_1}{w_1} & \dfrac{w_1}{w_2} & \dfrac{w_1}{w_3} & \cdots & \dfrac{w_1}{w_n} \\ \dfrac{w_2}{w_1} & \dfrac{w_2}{w_2} & \dfrac{w_2}{w_3} & \cdots & \dfrac{w_2}{w_n} \\ \vdots & \vdots & \vdots & \cdots & \vdots \\ \dfrac{w_n}{w_1} & \dfrac{w_n}{w_2} & \dfrac{w_n}{w_3} & \cdots & \dfrac{w_n}{w_n} \end{bmatrix} = (a_{ij})_{n \times n} \quad (5.3.1)$$

假定该矩阵满足 $a_{ij} = 1/a_{ji}, a_{ii} = 1, (i, j, k = 1, 2, \cdots, n)$.

若以重量向量 $W = [w_1, w_2, \cdots, w_n]^T$ 右乘矩阵 A,其结果为:

$$AW = \begin{bmatrix} \dfrac{w_1}{w_1} & \dfrac{w_1}{w_2} & \dfrac{w_1}{w_3} & \cdots & \dfrac{w_1}{w_n} \\ \dfrac{w_2}{w_1} & \dfrac{w_2}{w_2} & \dfrac{w_2}{w_3} & \cdots & \dfrac{w_2}{w_n} \\ \vdots & \vdots & \vdots & \cdots & \vdots \\ \dfrac{w_n}{w_1} & \dfrac{w_n}{w_2} & \dfrac{w_n}{w_3} & \cdots & \dfrac{w_n}{w_n} \end{bmatrix} \begin{bmatrix} w_1 \\ w_2 \\ \vdots \\ w_n \end{bmatrix} = \begin{bmatrix} nw_1 \\ nw_2 \\ \vdots \\ nw_n \end{bmatrix} = n \begin{bmatrix} w_1 \\ w_2 \\ \vdots \\ w_n \end{bmatrix} = nW \quad (5.3.2)$$

用矩阵表述,即:

$$AW = nW \quad (5.3.3)$$

根据矩阵特征根的原理,若满足(5.3.3)式,则说明 n 是矩阵 A 的唯一非零的、同时又是最大的特征根,而 W 是矩阵 A 的最大特征根及其特征向量。因此,只要知道矩阵 A,从数学上求出 A 的最大特征根及其特征向量,就能得到 W,也即得到这组物体重量的排序结果。也就是说,如果有一组物体需要估算它们的相对重量,而又没有称量仪器,则可以通过逐对比较这组物体相对重量的方法,得出每对物体相对重量比的判断,从而形成比较判断矩阵,通过求解判断矩阵的最大特征根和它所对应的特征向量,就可以计算出这组物体的相对重量,也就确定了指标的相对重要程度。

6. 顺序指标量化方法

定性指标主要有两类:名义指标和顺序指标。名义指标,实际上只是一种分类的表示,这类指标只能用代码,无法真正量化。顺序指标,如优、良、中、差;好、中、差等,这类指标是可以量化的,下面引入对顺序指标的量化方法。

假设已将全部对象按某种性质排出了顺序,用 $a \succ b$ 来表示 a 优于 b,a 排在 b 的后面,设全部对象共有 n 个,用 $a_1, a_2, \cdots, a_n$ 表示,并且假定:$a_1 \prec a_2 \prec \cdots \prec a_n$。

这个顺序反映了某一个难以测量到的量,例如一个信息系统软件运行速度,从感觉不快到有一点快,到中等的较快,一直到很快,分为 n 种,即为 $a_1 \prec a_2 \prec \cdots \prec a_n$。设想描述运行速度快慢的量 x 是客观存在的,可以认为它遵从正态分布 $N(0,1)$,于是 $a_1, a_2, \cdots, a_n$ 分别反映了 x 在不同范围内人的感觉,设 x_i 是相应于 a_i 的值,由于 a_i 在全体 n 个对象中占第 i 位,即小于等于它的成员占总数的 $\dfrac{i}{n}$,因此可以想到,若取 y_i 为正态分布 $N(0,1)$ 的 $\dfrac{i}{n}$ 分位数,即

$$P(x<y_i)=\frac{i}{n},(i=1,2,\cdots,n-1) \tag{5.3.4}$$

那么 $y_1,y_2,\cdots,y_{n-1}$ 将$(-\infty,+\infty)$分成了 n 段。很明显 a_i 对应的 x_i 应该在(y_{i-1},y_i)这个区间之内，在(y_{i-1},y_i)中选哪一个为代表最好呢？自然要考虑概率分布，比较简便可以操作的方法就是选中位数，即 x_i 满足：

$$P(x<x_i)=\frac{i-1}{n}+\frac{1}{2n}=\frac{i-0.5}{n},\quad (i=1,2,\cdots,n-1) \tag{5.3.5}$$

其中 x 是服从 $N(0,1)$ 的分布，于是利用正态概率表，很快就可以查出相应的各个 x_i，这就把顺序变量定量化了。

5.3.2 定量指标的标准化处理方法

经过上面的分析，已将定性的指标进行了量化，加之已有的定量指标，使目前得到的指标都已进行了定量的描述。但一般说来，对于不同的评价指标其使用的量纲和单位往往是不一致的，且不具有可比性。为了消除它们之间的差异，平衡各指标的作用，使评价更加合理、公正，必须通过适当的方法将评价指标无量纲化，使其量化值得到统一和标准化。

不妨设有 n 个评价指标 $f_j(1\leqslant j\leqslant n)$，$m$ 个方案 $a_i(1\leqslant i\leqslant m)$，$m$ 个方案 n 个指标量化后构成的矩阵 $X=(x_{ij})_{m\times n}$ 称为决策矩阵。

根据目前决策理论的发展，在一般文献中见到的指标类型大致有效益型、成本型、固定型、区间型、偏离型以及偏离区间型六种，其中最常见的指标类型为效益型、成本型、固定型、区间型四种。效益型指标是指属性值越大越好的指标，有时也称为正向指标；成本型指标是指属性值越小越好的指标，有时也称为逆向指标；固定型指标是指属性值越接近某个固定值 α_j 越好的指标；区间型指标是指属性值越接近某个固定区间 $[q_1^j,q_2^j]$（包括落入该区间）越好的指标；偏离型指标是指属性值越偏离某个固定值 β_j 越好的指标，它与固定型指标相对立；而偏离区间型指标则是一种与区间型指标相对立的指标，即属性值越偏离某个固定区间 $[p_1^j,p_2^j]$ 越好的指标。对于不同类型的指标，无量纲化的处理方法是不同的，且每一种方法各有自己的优缺点和适用范围，下面将详细说明。

1. 效益型和成本型指标的标准化方法

对于效益型（正向）指标和成本型（逆向）指标，由于这两者是最常见并且使用最广泛的指标，所以，对这两种指标标准化处理的方法也最多，一般的处理方法有：

（1）极差变换法

该方法即在决策矩阵 $X=(x_{ij})_{m\times n}$ 中，对于效益型指标 f_j，令

$$y_{ij}=\frac{x_{ij}-\min_i x_{ij}}{\max_i x_{ij}-\min_i x_{ij}},(1\leqslant i\leqslant m,1\leqslant j\leqslant n) \tag{5.3.6}$$

对于成本型指标 f_j，令

$$y_{ij}=\frac{\max_i x_{ij}-x_{ij}}{\max_i x_{ij}-\min_i x_{ij}},(1\leqslant i\leqslant m,1\leqslant j\leqslant n) \tag{5.3.7}$$

则得到的矩阵 $Y=(y_{ij})_{m\times n}$ 称为极差变换标准化矩阵。其优点为经过极差变换后，均有 $0\leqslant y_{ij}\leqslant 1$，且各指标下最好结果的属性值 $y_{ij}=1$，最坏结果的属性值 $y_{ij}=0$。该方法的缺点

是变换前后的各指标值不成比例。式（5.3.6）和式（5.3.7）可以同时使用。

（2）线性比例变换法

即在决策矩阵 $X=(x_{ij})_{m\times n}$ 中，对于效益型指标，令

$$y_{ij} = \frac{x_{ij}}{\max_{i} x_{ij}} (\max_{i} x_{ij} \neq 0, 1 \leqslant i \leqslant m, 1 \leqslant j \leqslant n) \tag{5.3.8}$$

对成本型指标，令

$$y_{ij} = \frac{\min_{i} x_{ij}}{x_{ij}} (1 \leqslant i \leqslant m, 1 \leqslant j \leqslant n) \tag{5.3.9}$$

或

$$y_{ij} = 1 - \frac{x_{ij}}{\max_{i} x_{ij}} (\max_{i} x_{ij} \neq 0, 1 \leqslant i \leqslant m, 1 \leqslant j \leqslant n) \tag{5.3.10}$$

则矩阵 $Y=(y_{ij})_{m\times n}$ 称为线性比例标准化矩阵。该方法的优点是这些变换方式是线性的，且变化前后的属性值成比例。但对任一指标来说，变换后的 $y_{ij}=1$ 和 $y_{ij}=0$ 不一定同时出现。

需要说明的是，式（5.3.8）和式（5.3.9）可以同时使用，而式（5.3.8）与式（5.3.10）则不能同时使用，因为它们的基点不同，即最好的指标值经过式（5.3.8）与式（5.3.10）标准化后不一定同时为1。

另一种比例变换法为：

对效益型指标，令

$$y_{ij} = \frac{x_{ij}}{\sum_{i=1}^{m} x_{ij}} \tag{5.3.11}$$

对成本型指标，令

$$y_{ij} = \frac{1}{x_{ij} \sum_{i=1}^{m} \frac{1}{x_{ij}}} \tag{5.3.12}$$

（3）向量归一化法

即在决策矩阵 $X=(x_{ij})_{m\times n}$ 中，对于效益型指标，令

$$y_{ij} = \frac{x_{ij}}{\sqrt{\sum_{i=1}^{m} x_{ij}^{2}}} (1 \leqslant i \leqslant m, 1 \leqslant j \leqslant n) \tag{5.3.13}$$

对于成本型指标，令

$$y_{ij} = -\frac{x_{ij}}{\sqrt{\sum_{i=1}^{m} x_{ij}^{2}}} (1 \leqslant i \leqslant m, 1 \leqslant j \leqslant n) \tag{5.3.14}$$

则矩阵 $Y=(y_{ij})_{m\times n}$ 称为向量归一标准化矩阵。显然，矩阵 Y 的列向量的模等于1，即 $\sum_{i=1}^{m} y_{ij}^{2} = 1$。该方法使 $0 \leqslant y_{ij} \leqslant 1$，且变换前后正逆方向不变，缺点是它是非线性变换，变换后各指标的最大值和最小值不相同。

（4）标准样本变换法

在 $X=(x_{ij})_{m\times n}$ 中，令

$$y_{ij} = \frac{x_{ij} - \bar{x}_j}{\sigma_j} \quad (1 \leqslant i \leqslant m, 1 \leqslant j \leqslant n) \tag{5.3.15}$$

其中，样本均值 $\bar{x}_j = \frac{1}{m}\sum_{i=1}^{m} x_{ij}$，样本均方差 $\sigma_j = \sqrt{\frac{1}{m-1}\sum_{i=1}^{m}(x_{ij} - \bar{x}_j)^2}$，则得出矩阵 $Y=(y_{ij})_{m\times n}$，称为标准样本变换矩阵。经过标准样本变换之后，标准化矩阵的样本均值为 0，方差为 1。

（5）等效系数法

对效益型指标，采用式（5.3.8），对成本型指标，令

$$y_{ij} = -\frac{x_{ij}}{\max_i x_{ij}} (\max_i x_{ij} \neq 0, 1 \leqslant i \leqslant m, 1 \leqslant j \leqslant n) \tag{5.3.16}$$

该方法的优点是变换前后的指标值成比例，缺点是各指标下方案的最好与最差指标值标准化后不完全相同。

另外，关于效益型指标的标准化处理还有：

$$y_{ij} = 1 - \frac{\min_i x_{ij}}{x_{ij}} \tag{5.3.17}$$

关于成本型指标的标准化处理还有：

$$y_{ij} = 1 + \frac{\min_i x_{ij}}{\max_i x_{ij}} - \frac{x_{ij}}{\max_i x_{ij}} \tag{5.3.18}$$

（6）指标值之间差距较大时的处理方法

当指标值之间差距较大时，一般采用 S 形曲线函数作无量纲处理。

对效益型指标，令

$$y_{ij} = \left[1 + \exp\left(2 - \frac{x_{ij} - x_j^{\min}}{x_j^{\max} - x_j^{\min}}\right)\right]^{-1} \tag{5.3.19}$$

对成本型指标，令

$$y_{ij} = 1 - \left[1 + \exp\left(2 - \frac{x_{ij} - x_j^{\min}}{x_j^{\max} - x_j^{\min}}\right)\right]^{-1} \tag{5.3.20}$$

2. 固定型指标的标准化方法

对于固定型指标，若设 α_j 为给定的固定值，则标准化处理的方法主要有以下几种，即令

$$y_{ij} = \begin{cases} x_{ij}/\alpha_j & x_{ij} \in \left[\min_i x_{ij}, \alpha_j\right] \\ 1 + (\alpha_j/\max_i x_{ij}) - (x_{ij}/\max_i x_{ij}) & x_{ij} \in \left[\alpha_j, \max_i x_{ij}\right] \end{cases} \tag{5.3.21}$$

或

$$y_{ij} = 1 - \frac{|x_{ij} - \alpha_j|}{\max_i |x_{ij} - \alpha_j|} \tag{5.3.22}$$

或

$$y_{ij} = \frac{\max_i |x_{ij} - \alpha_j| - |x_{ij} - \alpha_j|}{\max_i |x_{ij} - \alpha_j| - \min_i |x_{ij} - \alpha_j|} \quad (5.3.23)$$

或

$$y_{ij} = \frac{\min_i |x_{ij} - \alpha_j|}{|x_{ij} - \alpha_j|} \quad (5.3.24)$$

式（5.3.21）的特点是各最优属性值标准化后的值均为 1，而各最差属性的值标准化后的值不统一，即不一定都为 0。而式（5.3.22）到式（5.3.23）的变换不是线性变换。

若设 $E = (e_1, e_2, \cdots, e_n)^T$ 和 $L = (l_1, l_2, \cdots, l_n)^T$ 分别是人为规定的最优方案和最劣方案，在该情形下，还给出了效益型、成本型和固定型指标的新的标准化方法。

对效益型和成本型，有：

$$y_{ij} = \frac{x_{ij} - l_j}{e_j - l_j} \qquad 1 \leqslant i \leqslant m \quad (5.3.25)$$

对固定型指标则有：

$$y_{ij} = 1 - \left|\frac{x_{ij} - \alpha_j}{e_j - l_j}\right| \qquad 1 \leqslant i \leqslant m, 1 \leqslant j \leqslant n \quad (5.3.26)$$

3. 区间型指标的标准化方法

对区间型的指标，其指标标准化处理的方法主要有以下几式：

设 $X = (x_{ij})_{m \times n}$，令

$$y_{ij} = \begin{cases} 1 - \dfrac{x_{ij}}{q_1^j} & \text{if} \quad x_{ij} \in \left[\min_i x_{ij}, q_1^j\right] \\ 1 & \text{if} \quad x_{ij} \in \left[q_1^j, q_2^j\right] \\ 1 + \dfrac{q_2^j}{\max_i x_{ij}} - \dfrac{x_{ij}}{\max_i x_{ij}} & \text{if} \quad x_{ij} \in \left[q_2^j, \max_i x_{ij}\right] \end{cases} \quad (5.3.27)$$

或令

$$y_{ij} = \begin{cases} 1 - \dfrac{q_1^j - x_{ij}}{\max\left\{q_1^j - \min_i x_{ij}, \max_i x_{ij} - q_2^j\right\}} & \text{if} \quad x_{ij} < q_1^j \\ 1 & \text{if} \quad x_{ij} \in \left[q_1^j, q_2^j\right] \\ 1 - \dfrac{x_{ij} - q_2^j}{\max\left\{q_1^j - \min_i x_{ij}, \max_i x_{ij} - q_2^j\right\}} & \text{if} \quad x_{ij} > q_2^j \end{cases} \quad (5.3.28)$$

显然，式（5.3.28）还可以简化为：

$$y_{ij} = \begin{cases} 1 - \dfrac{\max\left\{q_1^j - x_{ij}, x_{ij} - q_2^j\right\}}{\max\left\{q_1^j - \min_i x_{ij}, \max_i x_{ij} - q_2^j\right\}} & \text{if} \quad x_{ij} \notin \left[q_1^j, q_2^j\right] \\ 1 & \text{if} \quad x_{ij} \in \left[q_1^j, q_2^j\right] \end{cases} \quad (5.3.29)$$

或令

$$y_{ij} = \frac{\min_i(\max\{q_1^j - x_{ij}, x_{ij} - q_2^j\})}{\max\{q_1^j - x_{ij}, x_{ij} - q_2^j\}} \quad (5.3.30)$$

或令

$$y_{ij} = \frac{\max_i(\max\{x_{ij} - q_1^j, q_2^j - x_{ij}\}) - \max\{x_{ij} - q_1^j, q_2^j - x_{ij}\}}{\max_i(\max\{x_{ij} - q_1^j, q_2^j - x_{ij}\}) - \min_i(\max\{x_{ij} - q_1^j, q_2^j - x_{ij}\})} \quad (5.3.31)$$

其中，$[q_1^j, q_2^j]$ 是指给定的某个固定区间，即属性值越接近该区间越好。

若给定的最优指标区间为 $[x_j^0, x_j^*]$，x_j' 为无法容忍下限，x_j'' 为无法容忍上限，则

$$y_{ij} = \begin{cases} 1 - (x_j^0 - x_{ij})/(x_j^0 - x_j') & x_{ij} \in [x_j', x_j^0] \\ 1 & x_{ij} \in [x_j^0, x_j^*] \\ 1 - (x_{ij} - x_j^*)/(x_j'' - x_j^*) & x_{ij} \in [x_j'', x_j^*] \\ 0 & \text{else} \end{cases} \quad (5.3.32)$$

变换后的指标值 z_{ij} 与原指标值 y_{ij} 之间的函数图形为一般梯形。当指标值最优区间的上下限相等时，最优区间退化为一个点，函数图像退化为三角形。

4. 偏离型指标的标准化方法

对越偏离某值 β_j 越好的偏离性指标，一般有如下标准化公式：

$$y_{ij} = \frac{|x_{ij} - \beta_j| - \min_i|x_{ij} - \beta_j|}{\max_i|x_{ij} - \beta_j| - \min_i|x_{ij} - \beta_j|} \quad (5.3.33)$$

或令

$$y_{ij} = 1 - \frac{\min_i|x_{ij} - \beta_j|}{|x_{ij} - \beta_j|} \quad (5.3.34)$$

（对 $\forall i \in 1, 2, \cdots, m$，都有 $x_{ij} \neq \beta_j$，$j = 1, 2, \cdots, m$）

或令

$$y_{ij} = \frac{|x_{ij} - \beta_j|}{\max_i|x_{ij} - \beta_j|} \quad (5.3.35)$$

偏离型指标是与固定型指标相对立的一种指标类型，它的公式使用可以用固定型指标的公式改造，但在使用时要注意其公式的适用范围。

5. 偏离区间型指标的标准化方法

对偏离区间型指标，有如下标准化的方法：

令

$$y_{ij} = 1 - \frac{\min_i(\max\{p_1^j - x_{ij}, x_{ij} - p_2^j\})}{\max\{p_1^j - x_{ij}, x_{ij} - p_2^j\}} \quad (5.3.36)$$

或令

$$y_{ij} = \begin{cases} 1 - \frac{\max\{p_1^j - x_{ij}, x_{ij} - p_2^j\}}{\max\{p_1^j - \min_i x_{ij}, \max_i x_{ij} - p_2^j\}} & \text{if} \quad x_{ij} \notin [p_1^j, p_2^j] \\ 0 & \text{if} \quad x_{ij} \in [p_1^j, p_2^j] \end{cases} \quad (5.3.37)$$

或令

$$y_{ij} = \frac{\max\{p_1^j - x_{ij}, x_{ij} - p_2^j\} - \min_i \max\{p_1^j - x_{ij}, x_{ij} - p_2^j\}}{\max_i(\max\{p_1^j - x_{ij}, x_{ij} - p_2^j\}) - \min_i(\max\{p_1^j - x_{ij}, x_{ij} - p_2^j\})} \quad (5.3.38)$$

其中，$[p_1^j, p_2^j]$是某个固定区间，属性值越偏离该区间越好。偏离区间型指标是与区间型指标相对立的一种指标类型。

一般来说，以上六种指标的属性值都非负。其中，偏离型指标是效益型指标的推广，这是因为当$\beta_j=0$时，x_{ij}越偏离β_j越好相当于x_{ij}越大越好。偏离区间型指标是偏离型指标的推广，这是因为当$p_1^j = p_2^j = \beta_j$时，x_{ij}越偏离区间$[p_1^j, p_2^j]$越好等价于x_{ij}越偏离β_j越好。同理，固定型指标是成本型指标的推广，而区间型指标是固定型指标的推广。此外，六种指标间的关系可从它们的标准化公式中看出，如当$p_1^j = p_2^j = \beta_j$时，偏离区间型指标的式（5.3.36）和式（5.3.37）成为效益型指标的标准化公式（5.3.17），而式（5.3.35）则成为效益型指标的标准化公式（5.3.8）。分析以上六种指标标准化的各个形式，不难发现它们之间存在着密切的关系。

如上各指标的标准化处理方法所述，每个标准化公式都有其适用范围和使用的注意事项，这里给出了可搭配使用的各公式的分类，即：可使用下面三组中的任一组：

第一组：式（5.3.6）、式（5.3.33）、式（5.3.38）及式（5.3.7）、式（5.3.33）和式（5.3.31）。

第二组：式（5.3.8）、式（5.3.35）、式（5.3.37）及式（5.3.10）、式（5.3.21）和式（5.3.31）。

第三组：式（5.3.16）、式（5.3.34）、式（5.3.36）及式（5.3.9）、式（5.3.24）和式（5.3.30）。

至此，本教材从理论上对评价系统的指标进行了分类，对各类不同的指标合理量化后，又提出了将其进行标准化处理的各种方法，是评估工作中不可或缺的关键一环，并为下一节求解指标权重打下了理论基础。

5.4 信息安全风险评估指标权重确定方法

权重（或称权数、权重系数、加权系数）是指各评价指标对评价对象影响程度的大小，目前在多指标评价以及预测等方面，常常用到权重。权重是目标重要性的度量，它反映下列因素：决策人对目标的重视程度；各目标指标值的差异程度；各目标指标值的可靠程度；权重应当综合反映三种因素的作用。本教材所涉及的信息系统安全风险评估指标体系是多层次多指标评估，评估指标体系中每个层次的每项指标，各自都有权重。因此本节将重点讨论指标权重的确定方法，为信息系统安全风险评估的准确性提供科学的保证。

5.4.1 指标权重的作用

权重的作用是在多指标风险评估工作中，突出重点指标的作用，以实现整体最优或满意。在指标体系中，各指标对目标的重要程度是不同的，当衡量各指标对目标的贡献时，应赋予不同的权重。指标权重是以定量的方式反映各项指标在风险评估中所起作用大小的比重。确定指标权重可以使评估工作实现主次有别，抓住主要矛盾，准确掌握评估的标准与重点。通过权重的确定还可以解决下面两个问题：一是解决不同类型指标之间的可比性问题，解决许多指标之间无统一量纲，不可度量的问题；二是避免指标权重的往复循环现象，即甲比乙优，乙比丙优，丙比甲优，而无法理出头绪。

特别要指出的两点：一是权重作用的实现，有赖于评估指标的评分值。因为，每项指标的评估结果，是它的权重与它的评分值的乘积。二是用不同方法确定的指标权重可能会有一定差异，这是由于不同方法的出发点不同所造成的。

合理确定权重，对信息系统安全风险评估工作有着重要的意义。一般来说，指标权重比统计数据对评估结果的影响更大。统计数据有误或不准确，一般只影响某项评估指标的某个计算参数；而权重不合理，则对评估指标的计算结果起"倍增"性影响，而且还由于某项评估指标的权重与其他相关联的评估指标的权重是相互制约的，因而也影响其他评估指标的评估结果。

5.4.2 指标权重确定的基本原则

（1）系统优化原则

在多指标评价中，每个指标都希望提高它的重要程度。如何处理好各评价指标之间的关系，即合理分配评价指标的权重，应当遵循系统优化原则，把系统的整体最优化（或满意）作为出发点和追求的目标。在这个原则指导下，对评价指标体系中的各项评价指标，进行分析对比，权衡它们各自对整体的作用和效果，合理确定它们的权重。既不能平均分配权重，又不能片面强调某个指标。只有通过合理分配权重，使各项指标在整体中发挥应有作用，才能实现整体优化。

（2）引导意图与现实情况结合原则

权重无疑要体现某些部门和某些人的引导意图和价值观念，当把某项指标看得很重要而又要突出它的作用时，就必须给该项指标较大的权重。但现实往往与人们的主观意图不完全一致，因此在确定权重时，也不能完全依赖人们的主观意图，而必须同时考虑现实情况，把引导意图与现实情况结合起来。

（3）群体决策原则

权重一般是人们根据对客观事物的认识和对某项指标重要程度的认识而加以确定的。针对人们的认识不一致性，群决策中的方法是集中专家群体中每个人的权重分配方案，形成统一的方案。这样做的好处：一是考虑问题比较全面，使权重分配比较合理，防止个别人认识和处理问题的片面性；二是能够比较客观地协调"众说不一"、"各持己见"的矛盾，由专家群体形成的统一权重分配方案，既包括了每个专家的方案，但又不全是任何一个专家的方案。同时，专家群体以外的其他任何人，尽管可以对专家群体形成的统一方案有各种各样的意见，但没有理由去否定它，也不便于去指责任何人。

5.4.3 指标权重的确定方法

指标权重的确定是系统评价中难度较大的一项工作，往往需要整体上多次调整、反复归纳综合才能完成。

目前，关于指标权重的确定方法比较多，一般说来，根据计算权系数时原始数据的来源不同，这些方法大致分为以下三类：

主观赋权法：主观赋权法是指根据决策者的主观经验和判断，用某种特定法则测算出指标权重的方法。常用的有专家调查法、循环打分法、二项系数法、层次分析法、Delphi法等。主观赋权法的特点是各评价指标的权重是由专家根据经验和对实际的判断给出。在实际应用中，如果所选专家能较为合理地确定各指标之间的排序，尽管不能准确地确定各指标的权系数，但也可在一定程度上满足按各指标重要程度给定的权系数的先后顺序，从而达到评价要求，因此，主观赋权法仍是综合评价中确定指标权重系数的主要方法。

客观赋权法：客观赋权法是指根据决策矩阵提供的评价指标的客观信息，用某种特定法则确定指标权重的方法。其原始数据是由各指标在被评价单位中的实际数据形成，因而所定出的权系数具有客观性。它主要视评价指标对所有的评价方案差异大小来决定权系数的大小。如离差法、均方差法、主成分分析法、熵值法等。但是，该类赋权法的最大缺点就是有时定出的权重大小与实际不符，即最重要的指标不一定具有最大的权系数，不重要的指标反而可能具有较大的权系数。尽管如此，从尊重原始数据的角度出发，并采用较合适的赋权法则，客观赋权法仍不失为一类较好的定权方法。

综合赋权法：综合赋权法就是综合运用主、客观赋权法。主观赋权法依赖经验判断，难免带有一定的主观性，但该方法解释性强；客观赋权法确定的权数依据客观指标信息，在大多数情况下精度较高，但由于指标信息数据采集难免受到随机干扰，在一定程度上影响了其真实可靠性，而且解释性差，对所得结果难以给出明确的解释。因此，两种赋权法各有利弊，实际应用中应该有机结合。

1. 常用的客观赋权法——熵值法

客观赋权法主要是依据决策矩阵提供的实际数据来进行赋权的，因而，所定的权系数具有绝对的客观性，主要视评价指标对所有的评价方案差异大小来决定其权系数的大小。但是，该类赋权法的最大缺点是有时定出的权重大小与实际不符，即最重要的指标不一定具有最大的权系数，不重要的指标反而可能具有较大的权系数。常用的客观赋权法主要为熵值法。

熵是信息论中测度一个系统不确定性的量。信息量越大，不确定性就越小，熵也越小；反之，信息量越小，不确定性就越大，熵也越大。熵值法主要是依据各指标值所包含的信息量的大小，利用指标的熵值来确定指标权重。熵值法的一般步骤为：

（1）对决策矩阵 $X=(x_{ij})_{m\times n}$ 作标准化处理，得到标准化矩阵 $Y=(y_{ij})_{m\times n}$，并进行归一化处理得：

$$p_{ij} = \frac{y_{ij}}{\sum_{i=1}^{m} y_{ij}} (1 \leq i \leq m, 1 \leq j \leq n) \tag{5.4.1}$$

（2）计算第 j 个指标的熵值：

$$e_j = -k \cdot \sum_{i=1}^{m} p_{ij} \ln p_{ij} (1 \leq j \leq n) \tag{5.4.2}$$

其中 $k > 0, e_j \geq 0$。

（3）计算第 j 个指标的差异系数。对于第 j 个指标，指标值的差异越大，对方案评价的作用越大，熵值越小；反之，指标值的差异越小，对方案评价的作用越小，熵值就越大。因此，定义差异系数为：

$$g_j = 1 - e_j (1 \leq j \leq n) \tag{5.4.3}$$

（4）确定指标权重。第 j 个指标的权重为：

$$w_j = \frac{g_j}{\sum_{j=1}^{n} g_j} (1 \leq j \leq n) \tag{5.4.4}$$

2. 常用的主观赋权法

目前，对于主观赋权法的研究比较成熟，这些方法的共同特点是各评价指标的权重是由专家根据自己的经验和对实际的判断给出的。选取专家不同，得出的权系数也不同。因此，这类方法注定具有很大的主观性，甚至不会因采取诸如增加专家数量，仔细筛选专家等措施而得到根本的改善。在信息安全风险评估中主要采用了：专家咨询统计法、模糊语气法、连环比率法、组合赋权法、基于专家权重的指标赋权法、德尔菲法、层次分析法等。下面主要介绍模糊语气法、连环比率法、组合赋权法及层次分析法等四种赋权方法。

（1）模糊语气法

该方法主要是通过选择若干个对决策系统熟悉的专家组成评判小组，对已制定好的指标权重调查表进行投票或评分，然后用统计方法作适当处理。其具体的实施步骤为：设有 n 个决策指标，m 个专家，首先拟定指标的权重调查表；其次组织 m 个专家，通过投票或评分等方式，利用模糊语气打分法调查出每个专家确定的模糊打分矩阵，对模糊语言分别赋相应的分值（按百分制）$(u_1, u_2, \cdots, u_n)$，可以得到各级别对"很好"的隶属度为：$f_j = \dfrac{u_j}{u_1}$；再根据专家的客观情况得出专家的静态权重、动态权重及专家权重；最后，将各专家权重分别乘以其打分向量，再将各指标分别相加，最后进行归一化处理，即可得到各指标权重。

现将静态权重和动态权重的计算方法介绍如下：

p 个评价指标在体现专家支持度上起到的作用是不同的，应该分配不同的权重，设评价指标权重为 a_i，并且满足 $\sum_{i=1}^{p} a_i = 1$；专家数为 n，第 j 个专家的第 i 个指标的量化值为 c_i^j（c_i^j 是归一化值）；则 j 专家静态权重值：

$$s_j = \sum_{i=1}^{p} a_i c_i^j, \; 0 < s_j < 1 \tag{5.4.5}$$

动态专家权重可以根据专家本次评审实际打分的偏离程度经反馈计算得到。总的原则是，偏离程度越大，专家获得的权重越小，这种权重实际上是一种动态权重，可在线考核专家本次的评审质量，亦可使群体决策容易得出一致性结论。

a. 当专家打分差别不大时：

设 n 个专家对同一方案的评价为 m_j，$j = 1, 2, \cdots, n$（专家数），平均值 $\overline{m} = \dfrac{1}{n}\sum_{j=1}^{n} m_j$，取 $D = \max_j \{|m_j - \overline{m}|\}$ 可得

$$D_1 = \dfrac{1}{\dfrac{|m_1 - \overline{m}|}{D}}, \; D_2 = \dfrac{1}{\dfrac{|m_2 - \overline{m}|}{D}}, \; \cdots, \; D_n = \dfrac{1}{\dfrac{|m_n - \overline{m}|}{D}} \tag{5.4.6}$$

对任一专家 j，当 $m_j \neq \overline{m}$ 时，取 $m_j - \overline{m} = \min_r \{|m_r - \overline{m}|\}$ （$r = 1, 2, \cdots, n$）

经归一化得到各专家动态权重如下：

$$K_{i1} = \dfrac{D_1}{\sum_{i=1}^{n} D_i}, \; K_{i2} = \dfrac{D_2}{\sum_{i=1}^{n} D_i}, \; \cdots, \; K_{in} = \dfrac{D_n}{\sum_{i=1}^{n} D_i} \tag{5.4.7}$$

b. 当专家打分差别较大时：

设 n 个专家对 m 个项目的评价构成评价矩阵：

$$S = \begin{bmatrix} S_{11} & S_{12} & \cdots & S_{1n} \\ S_{21} & S_{22} & \cdots & S_{2n} \\ \cdots & \cdots & \cdots & \cdots \\ S_{m1} & S_{m2} & \cdots & S_{mn} \end{bmatrix}$$

对上述矩阵进行归一化处理，得以下矩阵：

$$R = \begin{bmatrix} R_{11} & R_{12} & \cdots & R_{1n} \\ R_{21} & R_{22} & \cdots & R_{2n} \\ \cdots & \cdots & \cdots & \cdots \\ R_{m1} & R_{m2} & \cdots & R_{mn} \end{bmatrix}$$

其中，$R_{ij} = \dfrac{S_{ij}}{\sum\limits_{j=1}^{n} S_{ij}}$，且满足 $\sum\limits_{j=1}^{n} R_{ij} = 1$

由于 $R_i = \dfrac{1}{n}\sum\limits_{j=1}^{n} R_{ij} = \dfrac{1}{n}$，故各分值与平均值之间的离差的绝对值为 $\left|\dfrac{1}{n} - R_{ij}\right|$。取

$$K_{ij} = \dfrac{1 - \left|\dfrac{1}{n} - R_{ij}\right|}{\sum\limits_{j=1}^{n}\left(1 - \left|\dfrac{1}{n} - R_{ij}\right|\right)} \tag{5.4.8}$$

为第 j 个专家对第 i 个方案进行评价时的动态权值，且满足 $\sum\limits_{j=1}^{n} K_{ij} = 1$。

这样，同一个专家在评价不同方案时可以有不同的权值，每一项权重值是根据专家评分经归一化处理后与平均分的离差大小确定的，离差越大，权重越小。

上述静态专家权重与动态专家权重可单独选用，也可组合使用，组合使用方法如下：

令 a, b 分别为静态和动态两种权重的权，其中 a 为静态权重的权，b 为动态权重的权。则各专家的组合权重为 $(K_1, K_2, \cdots, K_n)$，其中 $K_i = K_{1i} \times a + K_{2i} \times b$。

该方法主要解决如何使用本次评分衡量专家本次评审的权重问题，它比简单的"去掉一个最高分，去掉一个最低分"模式的群体决策更贴近实际情况。

(2) 连环比率法

具体考虑到直接给出权重对于专家有一定的难度，则还可结合相邻两指标比较其相对重要性，依次赋以比率值，并赋以最后一个指标的得分值为1，从后到前，按比率值依次求出各指标的修正评分值，最后，归一化处理得到各指标的权重。即设有 n 个决策指标 $f_1, f_2, \cdots, f_n$，连环比率法的步骤是：

Step 1：将 n 个指标按任意顺序排列，不妨设为 $f_1, f_2, \cdots, f_n$。

Step 2：从前到后，依次赋以相邻两指标相对重要程度的比率值。指标 f_i 与 f_{i+1} 比较，赋以指标 f_i 以比率值 $r_i (i=1,2,\cdots,n-1)$，其中比率值 r_i 按下式确定：

$$r_i = \begin{cases} 3\left(\text{或}\frac{1}{3}\right), & \text{当}f_i\text{比}f_{i+1}\text{重要（或相反）} \\ 2\left(\text{或}\frac{1}{2}\right), & \text{当}f_i\text{比}f_{i+1}\text{较为重要（或相反）} \quad (i=1,2,\cdots,n-1) \\ 1 & \text{当}f_i\text{与}f_{i+1}\text{同样重要} \end{cases}$$

并赋以 $r_n = 1$。

Step 3:计算各指标的修正评分值。赋以 f_n 的修正评分值 $k_n = 1$。根据比率值 r_i 计算各指标的修正评分值 $k_i = r_i \cdot k_{i+1}(i=1,2,\cdots,n-1)$。

Step 4:进行归一化处理。求出各指标的权重系数值，即

$$w_i = \frac{k_i}{\sum_{i=1}^{n} k_i} \quad (i=1,2,\cdots,n) \tag{5.4.9}$$

该方法相对比较简便，但由于赋权结果过于依赖相邻指标的比率值，而比率值有主观判断误差，在逐步计算过程中会产生误差传递，以至影响指标权重的准确性。

（3）组合赋权法

由于主观赋权法和客观赋权法都存在各自的缺点，主观赋权法客观性较差，而客观赋权法确定的权数有时与指标的实际重要程度相悖，在具体应用中，我们提出综合主、客观赋权法结果的赋权法，即组合赋权法。

组合赋权法也可以分为两类，一类为乘法合成的归一化方法；另一类为线性加权组合法。乘法合成归一化方法的计算公式为：

$$q_j = \frac{a_j w_j}{n} \quad (j=1,2,\cdots,n) \tag{5.4.10}$$

其中，q_j 为第 j 个指标的组合权数，a_j 为第 j 个指标的客观权数，w_j 为第 j 个指标的主观权数。这种组合方法由于存在使大者更大，小者更小的"倍增效应"，故有时用该方法确定的权数是很不合理的。此法仅适用于指标权数分配较均匀的情况。

线性加权法的计算公式为：

$$q_j = \sum_{i=1}^{k} a_i w_{ij} \quad (j=1,2,\cdots,n) \tag{5.4.11}$$

其中 q_j 为第 j 个指标的组合权数，a_i 为第 i 种方法的加权系数，w_{ij} 为第 i 种方法确定的第 j 个指标的权数。

这种方法克服了乘法合成归一化方法的"倍增效应"，具有较好的实际应用效果。需要指出的是，该方法的关键是确定 a_i 的数值。

（4）层次分析法（AHP 法）

基于两两比较矩阵的 6 级标度法　该方法是以 AHP 的两两比较判断矩阵为基础改进得到的。它通常选择一定的专家群体，每个专家根据分级标准，对各层指标的相对重要性进行选择，然后填写评定表建立决策矩阵。

最早由 Satty 教授提出并应用最广泛的 1~9 标度，在实际使用过程中可能导致评价结论的错误与一致性检验的错误，主要是因为 1~9 标度的评分与语言判断习惯不协调。因此，有人提出用 6 个等级取代 1~9 标度，其指数标度值如表 5.3 所示。

衡量一个标度的优劣标准是看它是否满足人的判断的一致性和标度值之间的一致性。这要求标度应与语言协调。

设 $A=(a_{ij})_{n\times n}$ 为一判断矩阵，w_i 为因素 i 的权重，在完全一致的判断矩阵中，应有：

$$a_{ij} = \frac{a_{it}}{a_{jt}}, \quad a_{ij} = \frac{w_i}{w_j} \tag{5.4.12}$$

表5.3　　　　　　　　　　　　6级标度值的含义

标度值	含　　义
1	A 与 B 同等重要
1.3161	A 比 B 稍微重要
1.7321	A 比 B 比较重要
3	A 比 B 明显重要
5.1966	A 比 B 强烈重要
9	A 比 B 极端重要

由于判断标度的差异，在相同的判断等级下判断矩阵不同，这些判断矩阵在不完全一致时，上述两个等式不成立。这就要求具有良好一致性以及权重比与对应标度的相对偏差尽可能小。

记 $\varepsilon_{ij} = \dfrac{\left|\dfrac{w_i}{w_j} - a_{ij}\right|}{a_{ij}}$，则判断矩阵 A 的平均相对偏差为

$$\varepsilon_A = \frac{1}{n^2} \sum_{i=1}^{n} \sum_{j=1}^{n} \varepsilon_{ij} \tag{5.4.13}$$

因6级标度具有传递性，因而构造的判断矩阵一致性指标为0。

特征向量法　n 个目标成对比较的结果用矩阵 A 表示，得到：

$$AW = \begin{bmatrix} w_1/w_1 & w_1/w_2 & \cdots\cdots & w_1/w_n \\ w_2/w_1 & w_2/w_2 & \cdots\cdots & w_2/w_n \\ \vdots & \vdots & \vdots & \vdots \\ w_n/w_1 & w_n/w_2 & \cdots\cdots & w_n/w_n \end{bmatrix} \begin{bmatrix} w_1 \\ w_2 \\ \vdots \\ w_n \end{bmatrix} = n \begin{bmatrix} w_1 \\ w_2 \\ \vdots \\ w_n \end{bmatrix} \tag{5.4.14}$$

即 $(A-n\boldsymbol{I})W = 0$。

式中 $\boldsymbol{I}$ 是单位矩阵，如果目标重要性判断矩阵 A 中的值估计准确，上式严格等于 0（n 维 0 向量），如果 A 的估计不够准确，则 A 中元素的小的摄动意味着本征值小的摄动，从而有

$$AW = \lambda_{\max} W \tag{5.4.15}$$

式中 $\lambda_{\max}$ 是矩阵 A 的最大本征值。由上式可以求得本征向量即权向量 $W = [w_1, w_2, \cdots, w_n]^{\mathrm{T}}$，这种方法称为本征向量法。

在用该法确定权时，可以用 $\lambda_{\max} - n$ 来度量 A 中各元素 a_{ij}（i，$j = 1, 2, \cdots, n$）的估计的一致性。为此引入一致性指标（Consistence Index）CI：

$$CI = \frac{\lambda_{max} - n}{n-1} \tag{5.4.16}$$

CI 与表 5.4 所给同阶矩阵的随机指标 RI（Random Index）之比称为一致性比率 CR（Consistence Rate），即

$$CR = CI / RI \tag{5.4.17}$$

比率 CR 可以用来判定矩阵 A 能否被接受。若 CR＞0.1，说明 A 中各元素 a_{ij} 的估计一致性太差，应重新估计；若 CR＜0.1，则可认为 A 中 a_{ij} 的估计基本一致，这时可以用式（5.4.15）求得 W，作为 n 个目标的权。由 CR=0.1 和表 5.4 中的 RI 值，用式（5.4.16）和式（5.4.17），可以求得与 n 相应的临界本征值：

$$\lambda'_{max} = CI \cdot (n-1) + n = CR \cdot RI \cdot (n-1) + n = 0.1 \cdot RI \cdot (n-1) + n \tag{5.4.18}$$

由上式算得的 λ'_{max} 见表 5.4。一旦从矩阵 A 求得最大本征值 λ_{max} 大于 λ'_{max}，说明决策人所给出的矩阵 A 中各元素 a_{ij} 的一致性太差，不能通过一致性检验，需要决策人仔细斟酌，调整矩阵 A 中元素 a_{ij} 的值后重新计算 λ_{max}，直到 λ_{max} 小于 λ'_{max} 为止。

表 5.4　　　　n 阶矩阵的随机指标 RI 和相应的临界本征值 λ'_{max}

n	2	3	4	5	6	7	8	9	10
RI	0.00	0.58	0.90	1.12	1.24	1.32	1.41	1.45	1.49
λ'_{max}		3.116	4.07	5.45	6.62	7.79	8.99	10.16	11.34

此外，还可用德尔菲法求权重，其步骤为：

Step 1：选择专家；

Step 2：将选定权数的 p 个指标和有关资料以及统一的确定权数的规则发给选定的专家，请他们独立地给出各指标的权数值；

Step 3：回收结果并计算各指标权数的均值与标准差；

Step 4：将计算结果及补充资料返还给各位专家，要求所有的专家在新的基础上重新确定权数；

Step 5：重复上述第 Step 3、Step 4 步，直至各指标权数与其均值的离差不超过预先给定的标准为止，也就是各专家的意见基本趋于一致，以此时各指标权数的均值作为指标的权数。

由以上分析可知，虽然主观赋权法在确定权系数中具有主观性，但在确定权系数的排序方面具有较好的合理性。因此，在求指标权系数时，应以主观赋权法为基础，通过分析主、客观赋权法得出的权系数排序之间的关系，确定各指标的权数。但主客观权数该如何处理，而且在很多情况下专家无法凭经验衡量各指标的相互重要程度，这些都是在实际应用中应注意的问题。

3. 综合赋权法

针对主客观权数的处理，我们利用综合加权评分法来对利用主观赋权法和客观赋权法得到的结果进行分析：

设有 n 个评价对象，记为 $I = (1, 2, \cdots, n)$，m 个评价指标，记为 $J = (1, 2, \cdots, m)$，对象 i 对指标 j 的评价值为 $x_{ij} (i = 1, 2, \cdots, n; j = 1, 2, \cdots, m)$，称矩阵 $X = (x_{ij})_{n \times m}$ 为对象集对指标集的评价矩阵。

由于有的指标要求越小越好，有的指标要求越大越好，还有的指标则要求稳定在某一确

定值,另外还存在数量级和量纲不同的问题。为了统一各指标的趋势要求,将评价矩阵 X 进行标准化处理如下:

令:

$I_1 = \{$要求越小越好的指标$\}$; $I_2 = \{$要求越大越好的指标$\}$;

$I_3 = \{$要求稳定在某一理想值的指标$\}$;

则: $I_1 \cup I_2 \cup I_3 = I$, and $I_s \cap I_t = \Phi(s \neq t, s, t = 1, 2, 3)$。

(1) 当综合加权评分法以评分值越小越好为准则时:

令: $y_{ij} = \begin{cases} x_{ij} & j \in I_1 \\ -x_{ij} & j \in I_2 \\ |x_{ij} - x_j^*| & j \in I_3 \end{cases}$ 或 $y_{ij} = \begin{cases} x_{ij} & j \in I_1 \\ x_{j\max} - x_{ij} & j \in I_2 \\ |x_{ij} - x_j^*| & j \in I_3 \end{cases}$ (5.4.19)

其中 x_j^* 为指标 j 的理想值 $(j \in I_3)$, $x_{j\max} = \max\limits_{1 \leq i \leq n}\{x_{ij}\}$。

(2) 当综合加权评分法以评分值越大越好为准则时:

令 $y_{ij} = \begin{cases} -x_{ij} & j \in I_1 \\ x_{ij} & j \in I_2 \\ -|x_{ij} - x_j^*| & j \in I_3 \end{cases}$ 或 $y_{ij} = \begin{cases} x_{j\max} - x_{ij} & j \in I_1 \\ x_{ij} & j \in I_2 \\ -|x_{ij} - x_j^*| & j \in I_3 \end{cases}$ (5.4.20)

再令: $z_{ij} = 100 \times [y_{ij} - y_{j\max} / (y_{j\max} - y_{j\min})], i = 1, 2, \cdots, n; j = 1, 2, \cdots, m$

其中 $y_{j\min} = \min\{y_{ij} | i = 1, 2, \cdots, n\}$, $y_{j\max} = \max\{y_{ij} | i = 1, 2, \cdots, n\}$,记标准化后的评价矩阵为 $Z = (z_{ij})_{nm}$。

根据具体情况,选择主观赋权法中的一种或几种对各指标赋权。设所得指标的主观权重为:

$\alpha = (\alpha_1, \alpha_2, \cdots, \alpha_m)^T$,其中 $\sum\limits_{j=1}^{m} \alpha_j = 1, \alpha_j \geq 0 (j = 1, 2, \cdots, m)$。

选择一种客观赋权法对各项指标赋权。设所得的指标的客观权重为:

$\beta = (\beta_1, \beta_2, \cdots, \beta_m)^T$,其中 $\sum\limits_{j=1}^{m} \beta_j = 1, \beta_j \geq 0 (j = 1, 2, \cdots, m)$。

设备指标的综合权重为:

$W = (w_1, w_2, \cdots, w_m)^T$,其中 $\sum\limits_{j=1}^{m} w_j = 1, w_j \geq 0, (j = 1, 2, \cdots, m)$。

则待评项目 i 的综合加权评分值为:

$$f_i = \sum_{j=1}^{m} w_j z_{ij}, \quad (i = 1, 2 \cdots, n) \quad (5.4.21)$$

为了既兼顾主观偏好(对主观赋权法或客观赋权法的偏好),又充分利用主观赋权法和客观赋权法各自带来的信息,达到主客观的统一,建立如下优化决策模型:

$$\min F(w) = \sum_{i=1}^{n}\sum_{j=1}^{m}\{\mu[w_j - \alpha_j)z_{ij}]^2 + (1-\mu)[(w_j - \beta j)z_{ij}]^2\}$$

$$\text{s.t.} \begin{cases} \sum\limits_{j=1}^{m} w_j = 1 \\ w_j \geq 0, (j = 1, 2, \cdots, m) \end{cases} \quad (5.4.22)$$

其中 $0<\mu<1$ 为偏好系数，它反映了分析者对主观权和客观权的偏好程度。

定理 若 $\sum_{i=1}^{n} z_{ij}^2 > 0 (j=1,2,\cdots,m)$，则优化决策模型有唯一解，其解为：
$$W = (\mu\alpha_1 + (1-\mu)\beta_1, \mu\alpha_2 + (1-\mu)\beta_2, \cdots, \mu\alpha_m + (1-\beta_m))^{\mathrm{T}}$$

证明：作 Lagrange 函数：
$$L(W,\lambda) = \sum_{i=1}^{n}\sum_{j=1}^{m}\{\mu[w_j - \alpha_j)z_{ij}]^2 + (1-\mu)[(w_j - \beta j)z_{ij}]^2\} + 2\lambda\left(\sum_{j=1}^{m} w_j - 1\right)$$

根据极值存在的一阶条件（必要条件）：令
$$\begin{cases} \dfrac{\partial L}{\partial w_i} = 0 \\ \dfrac{\partial L}{\partial \lambda} = 0 \end{cases}$$

可得到：
$$\begin{cases} \sum_{i=1}^{n} w_i z_{ij}^2 + \lambda = \sum_{i=1}^{n}[\mu\alpha_j + (1-\mu)\beta_j]z_{ij}^2, j=1,2,\cdots,m \\ \sum_{j=1}^{m} w_j = 1 \end{cases}$$

它是由 $m+1$ 个变量，$m+1$ 个方程组成的方程组，用矩阵表示：
$$\begin{bmatrix} B_{mm} & e_{m1} \\ e_{m1}^{\mathrm{T}} & 0 \end{bmatrix} \begin{bmatrix} w_{m1} \\ \lambda \end{bmatrix} = \begin{bmatrix} C_{m1} \\ 1 \end{bmatrix}$$

其中 $B_{mm} = \mathrm{diag}\left[\sum_{i=1}^{n} z_{i1}^2, \sum_{i=1}^{n} z_{i2}^2, \cdots, \sum_{i=1}^{n} z_{im}^2\right]$

$$e_{m1} = (1,1,\cdots,1)^{\mathrm{T}}$$
$$w_{m1} = (w_1, w_2, \cdots, w_m)^{\mathrm{T}}$$
$$C_{m1} = \left[\sum_{i=1}^{n}(\mu\alpha_1 + (1-\mu)\beta_1)z_{ij}^2, \sum_{i=1}^{n}(\mu\alpha_2 + (1-\mu)\beta_2)z_{i2}^2, \cdots, \sum_{i=1}^{n}(\mu\alpha_m + (1-\mu)\beta_m)z_{im}^2\right]^{\mathrm{T}}$$

根据极值存在的二阶条件（充要条件）：
$$\dfrac{\partial^2 L}{\partial w_j^2} = \sum_{i=1}^{n} 2z_{ij}^2, \quad \dfrac{\partial^2 L}{\partial w_j \partial \lambda} = 2, \quad \dfrac{\partial^2 L}{\partial w_i \partial w_j} = 0, \quad \dfrac{\partial^2 L}{\partial \lambda^2} = 0$$

令 $D_k = \begin{vmatrix} \sum_{i=1}^{n} z_{i1}^2 & 0 & \cdots & 0 \\ 0 & \sum_{i=1}^{n} z_{i2}^2 & \cdots & 0 \\ & & \cdots & \\ 0 & 0 & & \sum_{i=1}^{n} z_{ik}^2 \end{vmatrix}, \quad k=1,2,\cdots,m$

所以当 $D_k > 0$ 时，即当 $\sum_{i=1}^{n} z_{ij}^2 > 0$ 时，模型必有解。

由上式得：$\begin{cases} B_{mm} W_{m1} + \lambda e_{m1} = C_{m1} \\ e_{m1}^{\mathrm{T}} W_{m1} = 1 \end{cases}$，因为 B_{mm} 可逆，即 B_{mm}^{-1} 存在，可知：

$$W_{m1} = B_{mm}^{-1}\left[C_{m1} + \frac{1 - e_{m1}^T B_{mm}^{-1} C_{m1}}{e_{m1}^T B_{mm}^{-1} e_{m1}} e_{m1}\right]$$

又因为 $B_{mm}^{-1}C_{m1} = [\mu\alpha_1 + (1-\mu)\beta_1, \mu\alpha_2 + (1-\mu)\beta_2, \cdots, \mu\alpha_m + (1-\beta_m)]^T$

$$e_{m1}^T B_{mm}^{-1} C_{m1} = \sum_{j=1}^{m}[\mu\alpha_j + (1-\mu)\beta_j] = 1$$

故 $W_{m1} = -B_{mm}^{-1}C_{m1} = [\mu\alpha_1 + (1-\mu)\beta_1, \mu\alpha_2 + (1-\mu)\beta_2, \cdots, \mu\alpha_m + (1-\beta_m)]^T$

从而定理得证。

针对专家无法凭经验衡量各指标的相互重要程度的情况,这里先构造系统的多指标综合评价模型。

设 $x_1, x_2, \cdots, x_n$ 是 n 个待评对象,X 为对象空间,则 $X = \{x_1, x_2, \cdots, x_n\}$。设 $I = \{I_1, I_2, \cdots, I_m\}$ 为评价指标空间。设 x_{ij} 表示第 i 个待评对象 x_i 关于第 j 项指标 I_j 的评价值。则 x_i 可表示为一个 m 维向量 $x_i = \{x_{i1}, x_{i2}, \cdots, x_{im}\}$。

对每个测量值 x_{ij} 有 p 个评价类(或评价等级)$c_1, c_2, \cdots, c_p$,用 U 表示评价类空间(或等级空间),则 $U = \{c_1, c_2, \cdots, c_p\}$。

令 $\mu_{ijk} = \mu(x_{ij} \in c_k)$ 属于 x_{ij} 第 k 个评价类 c_k 的程度,要求 μ 满足:

$$0 \leq \mu(x_{ij} \in c_k) \leq 1 \tag{5.4.23}$$

$$\mu(x_{ij} \in U) = 1 \tag{5.4.24}$$

$$\mu\left(x_{ij} \in \bigcup_{l=1}^{k} c_l\right) = \sum_{l=1}^{k} \mu(x_{ij} \in c_l) \tag{5.4.25}$$

其中 $i = 1, 2, \cdots, n; j = 1, 2, \cdots, m; k = 1, 2, \cdots, p$。称式(5.4.24)为对 μ 评价空间 U 满足"归一性",称式(5.4.25)为 μ 对空间 U 满足"可加性"。称矩阵

$$(\mu_{ijk})_{m \times p} = \begin{bmatrix} \mu_{i11} & \mu_{i12} & \cdots & \mu_{i1p} \\ \mu_{i21} & \mu_{i22} & \cdots & \mu_{i2p} \\ \vdots & \vdots & \ddots & \vdots \\ \mu_{im1} & \mu_{im2} & \cdots & \mu_{imp} \end{bmatrix}, \quad i = 1, 2, \cdots, n \tag{5.4.26}$$

为 x_i 的单指标评价矩阵,称矩阵的第 j 个行向量为 x_{ij} 的单指标评价向量。

设 ω_j 表示第 j 个指标 I_j 相对于其他指标的重要程度,$0 \leq \omega_j \leq 1$,$\sum_{j=1}^{m} \omega_j = 1$,称 ω_j 为 I_j 的权重或权数。

设 $\mu_{ik} = \mu(x_i \in c_k)$ 表示第 i 个样品 x_i 属于第 k 个评价类 c_k 的程度,则

$$\mu_{ik} = \sum_{j=1}^{m} \omega_j \mu_{ijk}, \quad i = 1, 2, \cdots, n; k = 1, 2, \cdots, p \tag{5.4.27}$$

显然 $0 \leq \mu_{ik} \leq 1$

$$\sum_{k=1}^{p} \mu_{ik} = \sum_{k=1}^{p}\sum_{j=1}^{m}\omega_j \mu_{ijk} = \sum_{j=1}^{m}\left(\sum_{k=1}^{p}\mu_{ijk}\right)\omega_j = \sum_{j=1}^{m}\omega_j = 1$$

称矩阵

$$(\mu_{ik})_{n\times p} = \begin{bmatrix} \mu_{11} & \mu_{12} & \cdots & \mu_{1p} \\ \mu_{21} & \mu_{22} & \cdots & \mu_{2p} \\ \vdots & \vdots & \ddots & \vdots \\ \mu_{n1} & \mu_{n2} & \cdots & \mu_{np} \end{bmatrix} \quad (5.4.28)$$

为多指标综合评价矩阵。称矩阵的第 i 个行向量：

$$(\mu_{i1}, \mu_{i2}, \cdots, \mu_{ip}) \quad (5.4.29)$$

为 x_i 的综合评价向量。

如果单指标评价矩阵（5.4.26）及指标权重 ω_j 已知，则由公式（5.4.27）求出的综合评价矩阵（5.4.28）可作为识别的依据。

若 $I_j(j=1,2,\cdots,m)$ 是客观型指标，其权重无法由专家经验给出，那么如何寻求确定 ω_j 的客观标准呢？

既然专家无法直接评价指标的相对重要程度，此时假定各指标具有相同的重要程度，即具有平均重要程度：$\omega_j = \frac{1}{m}(j=1,2,\cdots,m)$ 是最佳选择。在此假定下，可由公式（5.4.27）求出综合测度评价矩阵。矩阵（5.4.28）的第 i 个行向量 $(\mu_{i1}, \mu_{i2}, \cdots, \mu_{ip})$ 是第 i 个评价对象 x_i 的综合测度评价向量，它是由单指标评价矩阵（5.4.26）的 m 个向量"压缩"成一行得到的。具体地说，μ_{ik} 是样本 x_i 的 m 个评价值各自属于 c_k 类的评价的算术平均值，即

$$\mu_{ik} = \frac{1}{m}(\mu_{i1k} + \mu_{i2k} + \cdots + \mu_{imk})$$

所以，综合评价向量在"平均"的意义下反映了 x_i 的总体评价情况。这样，单指标测度评价向量

$$(\mu_{ij1}, \mu_{ij2}, \cdots, \mu_{ijk}) \quad (5.4.30)$$

与综合评价向量（5.4.29）的"相近"程度体现了指标 I_j 反映总体情况的能力。式（5.4.29）与式（5.4.30）越相近，说明 I_j 越能体现总体情况，即 I_j 权重越大。

描述两个非负向量接近程度有各种不同方法，在此采用相似系数法。令

$$r_j = \frac{1}{n}\sum_{i=1}^{n}(\mu_{ij1}, \mu_{ij2}, \cdots, \mu_{ijp}) \times (\mu_{i1}, \mu_{i2}, \cdots, \mu_{ip})^T = \frac{1}{n}\sum_{i=1}^{n}\sum_{k=1}^{p}\mu_{ijk}\mu_{ik} \quad (5.4.31)$$

$$\omega_j = \frac{r_j}{\sum_{j=1}^{m}r_j} \quad (5.4.32)$$

称 r_j 为相似数，ω_j 为相似权。可以用相似权 ω_j 作为指标 I_j 的权重。至此，给出了一种强调客观性标准的指标权重的确定方法，具体步骤如下：

选取 n 个具有代表性的样本。以研究基础指标评价为例，研制基础指标至少要包含直观上认为"很好"、"好"、"较好"、"一般"、"不好"的五个级别，每个级别的样本至少两个，取 $n \geq 10$；取 $\omega_j = \frac{1}{m}(j=1,2,\cdots,m)$。

由单指标评价矩阵（5.4.26）和公式（5.4.27）求综合评价矩阵（5.4.28）。由单指标评价矩阵（5.4.26）及综合评价矩阵（5.4.28）按公式（5.4.31）求出相似系数 r_j，再由公式（5.4.32）求出相似权 ω_j。以相似权向量 $\omega = (\omega_1, \omega_2, \cdots, \omega_m)$ 作为指标权重向量。由相似权向量 $\omega = (\omega_1, \omega_2, \cdots, \omega_m)$ 及单指标评价矩阵（5.4.26），求出综合评价矩阵（5.4.28），作为评价和识别的依据。

用上述方法，确定基础指标权重并进行综合评价，得到了满意的结果。

上述几种方法的一个共同的必不可少的步骤就是信息系统安全风险评估指标体系下的各个指标赋权值,这个过程是在评价过程中复杂而又至关重要的一环,赋权后权值的大小,将直接影响结果的好坏和准确性。如前几节所述,指标的赋权方法多种多样,能较好地选择赋权方法体现了决策者丰富的经验和决策的水平。下面给出指标赋权的具体实施过程,见图5.8,以供读者赋权时参考。

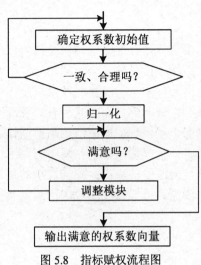

图5.8 指标赋权流程图

除本教材所给出的指标权重确定方法之外,目前常用的主观赋权法还有层次分析法、德尔菲法、区间统计法、综合法、模糊模式识别法等,这些方法在具体的指标体系权重确定时都可单独或组合应用。

习 题 5

1. 简述系统综合的评估思想。
2. 信息系统安全风险因素分哪四类?
3. 定性指标的量化处理方法有哪些?
4. 指标权重的确定方法有哪些?试述熵值法的计算过程。

第6章 计算机网络下的信息安全风险评估

计算机网络空间下的信息安全风险评估是信息安全风险评估的重要组成部分。由于网络的普遍应用，人们越来越关注网络中信息的安全问题，计算机网络空间下的信息安全风险评估是信息拥有者最关心的问题之一。本章对纯粹的技术风险评估方法进行论述，使读者对当前网络面临的威胁、存在的漏洞、漏洞的披露方式等有比较深入的了解，通过对网络空间下特定风险因素的分析，对信息安全风险评估概率影响图模型作了更加深入的分析，建立了计算机网络空间下的信息安全风险评估模型，使之在网络空间下更具操作性。

网络空间威胁指的是系统可能遭受的攻击；脆弱性指的是系统或程序中存在的漏洞；风险评估是对信息系统的价值、漏洞、可能存在的攻击行为以及攻击发生后造成的损失进行分析的过程。

6.1 相关依据

目前被广泛认可的计算机网络风险评估标准主要有两个：美国的 NSA IAM 和英国的 GESG CHECK。这两个标准分别是美国和英国用来测试、保障政府和国家关键基础设施安全性的重要标准，也常被其他国家用做参考。

6.1.1 NSA IAM

NSA IAM 由美国国家安全局（National Security Agency, NSA）提出，全称为信息安全评估方法学（INFOSEC Assessment Methodology, IAM），该方法提供了一个技术框架，以便 NSA 之外的安全顾问和安全专业人员能够在遵循公认的评估标准的前提下为客户提供安全评估服务。

NSA IAM 框架定义了对基于 IP 的计算机网络进行测试的三个层次：

（1）评估（Assessment）：在该层次中包含了对被测评组织具体情况的一个较高层次的概览，主要包括对组织整体策略、组织运作程序和信息流的理解等内容，它不对组织网络或系统进行任何实际的技术测试。

（2）评价（Evaluation）：这是一个协作进行的过程，涉及通过网络扫描、渗透工具以及某些特定技术进行的测试。

（3）红队（Red Team）：该层次的评估是非协作性的，对目标网络而言是从外部进行的，包括模仿适当的敌手进行的渗透测试等内容；IAM 评估是非入侵性的，因此在 NSA IAM 框架内，该层次的评估包括了对目标网络存在漏洞的全面测定。

6.1.2 CESG CHECK

CESG CHECK 由隶属于英国政府通信指挥部的通信与电子安全组（Communications and

Electronics Security Group, CESG）制定，与 NSA IAM 框架一样，以便安全顾问为客户提供评估服务的框架。依据 CHECK，CESG 对英国内部的安全测试小组进行资质评估和授权，使之可以在允许的范围内承担政府的评估工作。

与 NSA IAM 不同的是，CESG CHECK 涵盖了信息安全领域的众多方面，包含安全策略、反病毒软件、备份及灾难恢复等内容，因此它能更全面地应对网络安全评估这一领域。

CESG 的另一个标准是 CESG 列出的指导方案（CESG Listed Adviser Scheme, CLAS），该标准用更为宽广的视野来面对信息安全问题，并能应对其他领域，如 BS 7799、安全策略制定、审计等。

6.2 评估过程

目前有众多的安全提供商从各方面为客户提供风险评估服务，包括漏洞扫描、网络安全评估、渗透性测试等，一般可将之分为三个层面。

（1）漏洞扫描：通常是使用一些自动化的评估工具，进行大规模的 TCP、UDP 和 ICMP 扫描和探测，以识别存活主机和可访问的网络服务，如 HTTP、FTP、SMTP 和 POP3 等。通过这种大规模的网络扫描和探测可以获取被访问主机和网络的详细信息，包括网络服务、主机响应、防火墙或基于主机的过滤策略的有关信息。漏洞扫描能对网络系统中存在的漏洞作出最低限度的评估和量定，所谓最低限度是相对充分的渗透测试对漏洞的发现能力而言的，这是一种比较廉价的方式，可保证网络中不再存在明显的漏洞，但它不能提供有效提升安全性的清晰策略。

（2）漏洞研究：网络服务方面新发现的漏洞没太久都会通过 Internet 邮件列表和公共论坛等披露给安全团体和组织，漏洞公布后，安全顾问通常会发布相应的概念性验证工具来证实这些漏洞是可能被渗透的。提供漏洞信息的网站包括 MITRE 公司的通用漏洞 CVE、ISS X-Force 以及 CERT 的漏洞列表等，这些列表对漏洞进行了有效整理和归类，并对公开的已知漏洞有一些研究和处理建议，借助于这些资料尽快找到合适的渗透脚本。该阶段的研究也包括对漏洞作进一步的量定，通常，大规模的漏洞扫描并不能给出服务配置和主机选项的详细资料，为进一步了解这些详细材料，需要对某些关键主机进行一定程度的手动测试。漏洞研究可获得的关键信息包括潜在漏洞的技术细节，以及对这些漏洞进行测定和渗透的工具和脚本等。

（3）漏洞渗透：在对网络和服务中存在的漏洞进行分析和量定后，需要对存在漏洞的主机进行渗透。漏洞渗透是技术性很强的工作，涉及诸多技术细节，通常的作法是采用黑客攻击网络时所采用的技术和方法。渗透测试的目的是识别被测网络的技术漏洞，以便纠正这些漏洞或降低因这些漏洞而造成的风险，充分的渗透测试使用多重攻击方法来攻击目标网络，以便分析人员了解漏洞是否真的存在并起破坏作用，这是对漏洞所作的更深层次的分析和研究。

网络风险评估不是一蹴而就的工作，需要不断地、周期性地进行。另外，网络漏洞不断出现，在网络运行中也可能因管理问题而造成网络脆弱。事实上，很多情况下，漏洞及其披露源于系统管理不善、没有及时打补丁、采用弱口令策略、存取控制机制不够完善等，因此，网络风险评估不是一个结果，而是一个过程。

6.3 计算机网络空间下的风险因素

6.3.1 计算机网络空间的构成

计算机网络是指将地理位置不同且具有独立功能的多个计算机系统，通过通信设备和线路连接起来，由功能完善的网络软件（网络协议、信息交换方式、控制程序和网络操作系统）实现网络资源共享的系统。这是对网络的直观描述，可以把它看做硬件的集合。

网络中的设备通过唯一确定的标识（IP地址）存在于网络中，因此从逻辑上讲，网络又是一系列IP地址的集合。每个IP设备上运行着一系列程序，使得整个网络能够正常运转，实现数据交换和共享。从逻辑意义上讲，计算机网络可定义为：由一系列IP地址和程序构成的系统。网络中IP地址具有唯一性，且每个IP地址可对应若干个软件程序。

计算机软件的分类方式很多，根据软件在网络中的作用，可将之分为三类。

（1）服务程序：通过一个或多个"套接字"（socket）绑定于监听端口上，对来自其他设备的连接请求作出反应，如Http服务程序对80端口的监听，这是通用的网络服务程序；

（2）应用程序：应用程序和服务程序的区别在于不监听任何端口，应用程序也包括安装在IP设备上的软件，此类软件可以是没被执行的；

（3）操作系统：为其他程序提供运行环境。

IP设备中安装的软件可以有若干个，但归根结底都可归为以上三类。每一次攻击的后果都潜在地导致信息资产的损失，这与IP设备上安装的软件有关，也是由IP设备的功能和提供的数据决定的。

6.3.2 漏洞分析

漏洞是指网络安全的脆弱性。随着漏洞的增多，人们对网络安全的怀疑以及关注程度也越来越高，对漏洞数量的发展趋势变得越来越不乐观，漏洞数量逐年成倍增长。根据漏洞影响程度的不同，通常可将漏洞分为三个等级，即高级、中级和低级。

1. 漏洞分类

大量漏洞的存在使得网络空间变得脆弱，对网络安全的维护必须首先做好漏洞的分类、分析工作，以便更好地理解网络攻击和安全模式。

从理论和实践上讲，建立一个绝对安全的系统是不可能的。系统漏洞很大程度上是由软件质量决定的，过去的20年间，商业软件显示出的源代码缺陷密度一直没有得到大的改善，软件缺陷密度仍保持在每千行源代码0.1~55个缺陷之间。软件代码的数量不断增加，软件间相互作用的路径数量不断增加，造成软件漏洞被利用的概率增大。一种漏洞可以造成多种被利用的机会，同样，一次攻击的成功可以是由多种漏洞造成的。

漏洞可分为以下几大类：

（1）输入验证错误（input validation error）：软件的输入如果未得到有效检查，那么就有可能使这一漏洞被利用；例如，大多数的缓冲区溢出漏洞和CGI类漏洞，都是由于未对用户提供的输入数据的合法性作适当检查而造成的；便捷检查漏洞也属于此类漏洞。

（2）访问验证错误（access validation error）：如果访问控制机制存在缺陷，那么软件就易遭到攻击，使得软件变得脆弱，这个问题不是来自访问控制机制的配置，而是来自机制本身。例如，使用一个不存在的用户名/密码对Ftp服务进行认证。

(3) 异常情况处理错误（exceptional condition handing error）：软件对异常情况处理不当、在程序实现逻辑中未考虑到某些意外情况等都将产生漏洞。例如，大多数/tmp 目录中盲目跟随符号链接覆盖文件就属于这类漏洞。

(4) 环境错误（environmental error）：因环境变量错误或恶意设置造成的漏洞。例如，攻击者可能通过重置 shell 的内部分界符 IFS、shell 转义字符或其他环境质量，使有问题的特权程序去执行攻击者制定的程序。

(5) 配置错误（configuration error）：用户通过控制设置使软件变得易受攻击，这种缺陷的产生是由于配置的可控性造成的。

(6) 竞争条件（race condition）类漏洞：安全检查的非原子性造成的脆弱性。例如，早期的 Solaris 系统的 ps 命令就存在这类漏洞，ps 在执行时会在/tmp 产生一个基于 pid 的临时文件，然后将之 chown 为 root，改名为 ps_data，如果在 ps 运行时能够将该临时文件指向感兴趣的文件，那么在 ps 执行后，就可对这个 root 拥有文件修改权限，从而获得 root 权限。

(7) 设计错误（design error）：软件的实现和配置没有问题，但最初设计存在缺陷。这类漏洞是非常笼统的，严格地说，大多数漏洞的存在都是由于设计错误造成的，因此，所有暂时无法归入其他类的漏洞，都可先归入此类中。

事实上，对这类漏洞的利用机会并不是均等的，在上述各类漏洞和缺陷中，一些类型要比其他类型更难利用。例如，竞争条件类漏洞就比访问验证类漏洞更难利用，它要求攻击者对目标系统的情况非常熟悉。漏洞被利用的结果将导致系统被不同程度地非法访问，称为利用结果或攻击结果，也可以根据漏洞被利用后对系统造成的直接损失对漏洞进行分类，如下所述：获得远程管理员权限；获得本地管理员权限；获得普通用户权限；权限提升；读取受限文件；远程拒绝服务；本地拒绝服务；远程非授权文件存取；口令恢复；欺骗；服务器信息泄露。

漏洞分类法之间存在一定的联系，如表 6.1 所示。

表 6.1 漏洞不同分类法之间的关系

漏洞分类	获得远程管理员权限	获得本地管理员权限	获得普通用户权限	权限提升	读取受限文件	远程拒绝服务	本地拒绝服务	远程非授权文件存取	口令恢复	欺骗	服务器信息泄露
输入验证错误	—				—				—	—	
访问验证错误		—									
异常情况处理错误	—	—	—								
环境错误	—	—	—								
配置错误	—	—	—								
竞争条件类漏洞				—							—
设计错误				—	—						

在风险识别和控制中，应对输入验证错误及其产生的漏洞多给予关注。另外，对漏洞的分析也不应只限于漏洞的种类、级别、产生时间等表面信息上，应对漏洞的相关利用方法、利用结果等作更进一步的挖掘。

2. 漏洞生命周期

任何事物都有其产生、发展和消亡的过程，漏洞也不例外，研究漏洞的生命周期有利于对漏洞的补救与预防，降低风险。漏洞的生命周期是指漏洞被发现、公布、利用并最终被修补的过程。

在一个漏洞的生命周期中，有4个突出的时间点：

（1）t_{desc}：理论描述漏洞（例如，漏洞的发现，除了销售商、优秀的黑客和安全专家外，并不广为人知）；

（2）t_{poc}：证明漏洞的存在（例如，一个攻击程序写成后，由于未予以公布或利用的是一项旧的技术而未被广泛使用）；

（3）t_{post}：漏洞的流传（例如，攻击工具被公布并被广泛使用）；

（4）t_{patch}：漏洞的控制措施出现（例如，补丁或补救方法被公布并被广泛使用）。

图6.1展示了一个典型的漏洞生命周期。

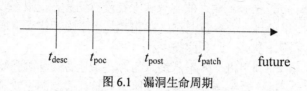

图 6.1　漏洞生命周期

不过其他的顺序也是可能的，并确实发生过。确定漏洞生命周期的目的是为了更细致地分析漏洞在某一特定时期的利用概率；同时，根据不同类型的漏洞生命周期，可以确定某一漏洞在一段时间内被利用的风险。

6.3.3　攻击者分类与攻击方式分析

1. 攻击者分类

可以将网络攻击者分为两大类：

（1）机会主义攻击者：所有可公开访问的网络都会受到此类攻击者的威胁，此类攻击者使用自动脚本和网络扫描工具，寻找并攻击网络上存在漏洞的主机。

（2）具有坚定目的的攻击者：具有坚定目的的攻击者将尽一切可能探测目标网络的每一个端口，对目标网络的每个IP地址进行端口扫描，并对每种网络服务进行深度评估，即使在初次尝试攻击网络时未获得成功，具有坚定目的的攻击者仍将在此过程中获得对目标网络漏洞的初步认识，甚至有可能是比较清晰的认识。

按攻击者与攻击对象之间的位置关系，可将攻击方式分为：

（1）本地攻击：指攻击者与攻击对象位于同一台主机上。

（2）远程攻击：指攻击者与攻击对象不位于同一台主机上。

下面具体介绍一种远程网络攻击模型。

2. 远程网络攻击模型

若想正确处理远程攻击，确定远程攻击带来的风险，首先需要对远程攻击模式进行深入研究。很多情况下，威胁评估由于缺少对网络安全事件驱动因素的了解而变得非常困难，为了了解大规模攻击造成的影响以及有效制定不同的安全响应策略，建立网络攻击模型是非常重要的。通常情况下，对计算机攻击是单独建模的，例如，在入侵检测系统中，通过警报来报告每个攻击，但真正的入侵事件常常是由一系列相互独立的攻击步骤组合而成的，随着对企业和政府系统协作式、多阶段攻击事件的增多，了解复杂攻击类型、攻击模式，建立完善的攻击模型变得越来越紧迫。这里给出一种多阶段有限状态机模型来分析远程网络攻击，该模型将单个模型化的攻击结合在一起，从而发现攻击者对特定攻击目标的路径。通过该模型，可以使网络表示出协作攻击和分布式攻击的集成特性。

在攻击模型建立过程中，大多基于图的形式，从简单的树状模型到更复杂一些的 Petri 网模型，利用图来描述能够比较好地抓住一个成功攻击的各个环节。以图的方式来描述攻击模型和以其他攻击模型来描述，区别在于攻击者采取的视点不同。由于攻击者的目标和方法在几乎所有安全条件下均扮演着非常重要的角色，因此攻击模型越接近该问题，对在新的系统中发现漏洞、在软件开发中避免漏洞的产生以及对实际漏洞进行评估、对网络安全风险进行评估等都将具有重要作用。网络系统在遭到攻击之前和之后，其状态是不同的，因此可以利用有限状态机原理来对多阶段网络攻击建模，形成网络攻击多阶段有限状态机模型（Multi-stage Finite State Machine Model, M-FSM）。

使用有限状态机能够比较好地描述出一个攻击发生之前和之后系统状态的变化情况。一个错误/故意的操作造成的系统状态变化将给下一次攻击创造条件和机会。M-FSM 旨在探寻每一步的操作，更准确地说是旨在分析为达成最终攻击目的而在整个攻击操作过程中每一步的行为，发现当中针对关键网络资源的攻击路径，通过对这些攻击路径的分析，并依据最初网络系统配置所产生的配置表达式，分析系统的状态变化情况，并就如何加固网络、防止攻击等作出决策。

基于此目的，建立模型需采取三个步骤：

（1）将每个阶段的行为表示成一个原子有限状态机（atom FSM, aFSM）。用于表示一台计算机上攻击的输出，这样可以达到将某个目标的若干操作描述成一系列原子有限状态机；

（2）将一系列操作联系起来，以描述攻击行为；

（3）简化 M-FSM，产生表达式。

M-FSM 模型结构如图 6.2 所示。

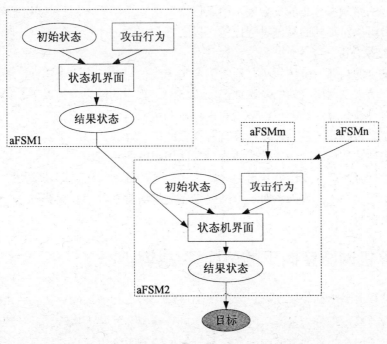

图 6.2 M-FSM 模型

原子有限状态机（aFSM）包括一个转换和两个状态，转换描述针对计算机或系统的一个攻击行为，两个状态为：初始状态（precondition）：系统存在一个攻击可以利用的漏洞；结果状态（postcondition）：被攻击后的状态，例如，此时系统可能有端口被非法打开。

由于每个单独的行为都可以用初始状态和结果状态进行表示，因此很容易建立相应的原子有限状态机（aFSM）；然后将 aFSM 结合起来，描述成 M-FSM 对误操作和可能攻击行为的模型；建立 M-FSM 后，根据攻击和条件依存关系（通过初始状态和结果状态）的直接描述，即可计算出攻击路径。

网络攻击模型能够通过一系列步骤来建立：

Step 1：找到最初的攻击条件 E_{init}，从初始攻击状态建立一个有限状态图 G_{init}；如果有可能建立所有攻击的集合 E_{esec}，这些攻击由攻击者成功执行，那么该集合将帮助自动建立攻击模型图。

Step 2：从攻击初始条件 E_{init} 找到攻击行为 E_{esec}，该攻击行为的初始条件或其中的一个攻击条件与 E_{init} 的结果状态匹配，通过寻找 E_{esec} 可以持续地为有限状态图 E_{init} 增加原子状态，最终图 G_{init} 将描绘出从初始状态 E_{init} 向前发展的情况，也就是说，图中的攻击结果是由 E_{init} 可达的，从而将实现攻击的初始状态在图中表示出来。

Step 3：在建立多阶段有限状态机模型后，即可明确各元素（初始状态、攻击、结果状态）之间的关系，由于元素间的相互依赖关系，可将该图称为依靠图；接下来对前向可达的依靠图进行简化，对相同状态机的界面进行合并；依靠图是由必需的、足够的攻击集构成的完备集，理想图描述最小化的攻击路径集合，最小化的攻击集合是指如果在该图中去掉任何一个攻击都将影响整个攻击结果。

Step 4：在此基础上就可以仅考虑安全配置问题了，换句话说，初始状态和一系列原子状态机构成了简化的依靠图，产生了一个安全配置表达式，该分析过程将产生所有可能的加固安防措施（初始状态分布的集合表示出了已采取的安全手段），且对网络服务的影响最小，安全分析人员可以对不同的措施进行比较，以选择和确定一个最好的组合。

3. 攻击结果分析

对信息安全的损坏、破坏后果，通常需要考虑到信息的三个安全属性，即机密性、完整性和可用性。考虑到网络空间的特殊情况，可将网络攻击的结果分为以下 5 类：

（1）机密性被破坏：数据可以被没有读权限的用户看到；

（2）完整性被破坏：数据可以被没有写权限的用户修改；

（3）可用性被破坏：一些软件或数据对合法用户变得不可用；

（4）部分拥有系统：攻击者获得部分软件和数据的处理权限，即获得用户权限；

（5）完全控制系统：攻击者对一个网络设备上的所有软件和数据获得完全的访问权限，即获得管理员权限。

6.4 计算机网络空间下的风险评估模型

计算风险既要考虑到直接达到攻击结果的风险，也要考虑到间接达到攻击结果的风险。由此，将风险计算过程分为基本风险和提升的风险两部分。基本风险表示计算系统各要素的独立风险，不考虑系统各要素间的交互；提升的风险表示考虑计算系统各要素间的交互，通过服务程序与应用程序之间的通信，重新考虑远程攻击风险。在获得系统部分访问权限的基础上,通过系统各要素之间的交互作用获得更高的权限。

6.4.1 基本风险

基本风险主要计算针对系统或网络的远程攻击和本地攻击可能造成的损失风险,它未考虑系统各要素间的相互影响,即未考虑漏洞间的协同作用。此处提出的风险等式主要关注的是服务程序(远程可访问的软件)造成的风险,但对应用程序(本地软件)并不失其一般性。

为了在以后的分析过程中便于描述,将风险的一般计算公式表示为:

$$\text{Risk}_{(v,i,c)}(t) = p_{v,c}(t) \times \text{loss}_{(i,c)} \tag{6.4.1}$$

其中 C 表示攻击结果的集合;

$C \in \{\text{availability, confidentiality, integrity, process, full}\}$;

c 表示攻击结果,$c \in C$;

v 表示攻击途径(远程攻击或本地攻击),$v \in \{v_r, v_l\}$;

$\text{loss}_{(i,c)}$ 表示一个特定的网络设备 i 被利用后的结果损失,$i \in I, I = \{i | 1, 2, \cdots, n\}$;

$p_{v,c}(t)$ 表示通过路径 v 造成后果 c 的概率。

结果损失 $\text{loss}_{(i,c)}$ 依据 IP 设备的功能及其存储数据的价值,利用信息系统价值确定方式来确定。$p_{v,c}(t)$ 是该设备中存在的服务程序的联合失效概率,该设备存在漏洞可能导致后果 c,这个概率是基于时间的且随时间改变,对 $p_{v,c}(t)$ 的分析可通过图 6.3 来表示。

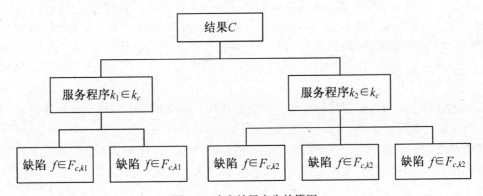

图 6.3 攻击结果产生的原因

图 6.3 描述了一个攻击结果故障树,有两个服务程序存在缺陷,造成同一攻击结果;$F_{c,k}$ 为导致结果 c 的服务程序 k 中存在的漏洞集合;有两条路径可以产生结果 c,一条路径对应一个服务程序,一个服务程序中可能存在多个漏洞会导致结果 c,例如,一个输入验证错误和一个竞争条件类漏洞都有可能对被攻击系统的任意访问。

对远程攻击风险(访问路径 $v = v_r$),令 K_c 为存在漏洞的服务程序的集合,则:

$$p_{v_r,c}(t) = 1 - \prod_{k \in k_c}(1 - p_{c,k}(t)) \tag{6.4.2}$$

其中:$p_{v_r,c}(t)$ 表示导致后果 c 的服务程序集合 K_c 的失效概率;

$p_{c,k}(t)$ 表示服务 k 被利用后结果为 c 的概率。

式(6.4.2)表示了系统受到相互独立的攻击情况。$1 - \prod_{k \in k_c}(1 - p_{c,k}(t))$ 是设备中安装的服务程序（这些服务潜在地会造成后果 c）的联合失效概率，服务程序中的漏洞产生了导致后果 c 的相互独立的路径。

由图 6.3 同样可知式（6.4.2）中的 $p_{c,k}(t)$ 为：

$$p_{c,k}(t) = 1 - \prod_{f \in F_{c,k}}(1 - q_f(t)) \tag{6.4.3}$$

其中：$q_f(t)$ 为漏洞 f 在时刻 t 被利用的概率。

对一个漏洞的利用方式通常有两种：一是采用自动攻击工具；二是采用手工攻击。在针对某一漏洞的攻击工具尚未开发出来之前，攻击者会采用手工方式实施攻击，这主要是通过一些脚本文件。因此，漏洞 f 被利用的概率可表示为：

$$q_f(t) = p_{\text{automated}}(\delta t, f)\text{prop}_{\text{tool}}(f) + \text{prop}_{\text{manual}}(f) \tag{6.4.4}$$

$$\delta t = t_{\text{post}} - t_{\text{desc}} \tag{6.4.5}$$

其中：$p_{\text{automated}}(\delta t, f)$ 表示针对漏洞 f 的自动攻击工具被开发出来的概率，从时间 t_{desc} 算起，$f \in F_{c,k}$；

$F_{c,k}$ 为导致结果 c 的服务 k 的漏洞集合；

t_{desc} 表示漏洞被发现的时间；

t_{post} 表示攻击工具被广泛使用的时间；

$\text{prop}_{\text{tool}}(f)$ 表示使用自动工具攻击漏洞的攻击者的比例，随着时间的发展，这部分的攻击者会越来越多；

$\text{prop}_{\text{manual}}(f)$ 表示不使用自动工具攻击漏洞的攻击者的比例，$f \in F_{c,k}$。

由上可知，通过式（6.4.1）至式（6.4.5），可以计算出系统受到远程攻击的风险值。该方法也适用于对系统的本地攻击。

6.4.2 提升的风险

在上述计算中，未考虑系统各要素间的交互作用，即间接攻击的情况。系统各要素间的交互作用会增加被攻击的机会，扩大攻击造成后果的可能性。

在间接攻击中，远程攻击者利用一个软件的漏洞（该软件通常是一个服务程序）作为跳板，来利用其他软件的漏洞（通常利用一个应用程序），达成攻击目的。

图 6.4 描述了造成风险提升的两条路径。

（1）第一条路径：从远程系统进入本地系统，利用本地系统应用程序的漏洞进行攻击，如图 6.4 中（1）路径所示。

（2）第二条路径：从远程系统进入本地系统，利用本地系统服务程序的漏洞进行攻击，如图 6.4 中（2）路径所示。

攻击结果提升的直接结果是增加了远程访问对主机造成完全占有攻击结果的风险，即影响了结果概率 $P_{v_r,\text{full}}$。

下面是对两条攻击路径所作的描述：

第一条路径：可称为 Remote2Local-User2Root（R2L-U2L），它是由于一个服务程序存在一个漏洞造成的，该漏洞可以导致一个非授权的用户获得对部分软件和数据的访问权限（Process）或对数据的写权限（Integrity），使该服务可以被远程利用；通过该服务程序，攻击者可以进入一个应用程序 a，而该应用程序中存在一个缺陷，可导致对系统的完全控制（full）。

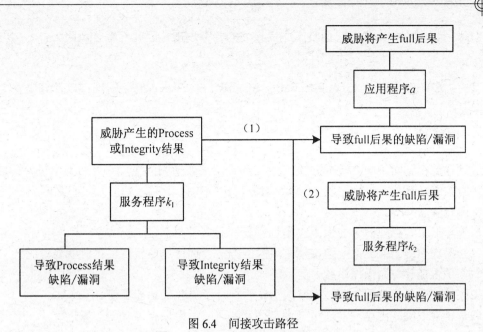

图 6.4 间接攻击路径

第二条路径：可称为 Remote2Local-Remote2Root（R2L-R2R），它是由于一个服务程序存在一个漏洞造成的，该漏洞可以导致一个非授权的用户获得对部分软件和数据的访问权限（Process）或对数据的写权限（Integrity），使该服务可以被远程利用；这种攻击的结果使一些服务程序的安全状态发生改变，通常是改变服务程序的配置，使攻击者可以通过服务程序 k_2 产生一个完全占有攻击。

因此，提升权限的攻击结果概率为

$$p_{\text{Escalation}}(t) = p_{v_r,PI}(t)(p_{v_l,\text{full}}(t) + S_{v_r,\text{full}}(t) - p_{v_l,\text{full}}(t)S_{v_r,\text{full}}(t)) \tag{6.4.6}$$

其中 Escalation 为 R2L-U2L 和 R2L-R2R 的攻击扩大事件集合；

$PI = \text{Process} \cup \text{Integrity}$；

$p_{v_r,\text{full}}(t)$ 为远程获得所有软件和数据完全访问权限的结果概率，该结果通常是由配置错误引起的。

$p_{v_l,\text{full}}(t)$ 为本地获得所有软件和数据完全访问权限的结果概率。

因此，由远程对本地进行攻击造成"full"结果是通过两种情况造成的：一是利用可直接造成"full"后果的漏洞；二是通过攻击扩大化达成此结果。

因此，"full"结果概率 $p_{v_r,\text{full}}(t)$ 可综合表示为：

$$p_{v_r,\text{full}}(t) = t_{v_r,\text{full}}(t) + p_{\text{Escalation}}(t) - t_{v_r,\text{full}}(t)p_{\text{Escalation}}(t) \tag{6.4.7}$$

其中：$t_{v_r,\text{full}}(t)$ 为远程攻击直接造成的"full"结果概率。

6.4.3 整体风险

通过上面对攻击方式以及攻击造成后果的分析，可以计算出不同攻击路径造成的风险概率。

利用式（6.4.1）计算风险值，其中 $loss_{(i,c)}$ 的值由风险管理员或信息资产拥有者来确定，原因是他们对该信息资产被攻击后造成的损失情况最了解。

对每个 IP 设备 i 来说，它面临产生后果 c 的各种攻击，因此其综合风险为：

$$\text{Risk}_{(i)} = \sum_{c \in C} \text{Risk}_{(i,c)} \tag{6.4.8}$$

其中：C = {availability, confidentiality, integrity, process, full}。同理可以计算出整个网络的风险。

6.4.4 风险控制

通过计算得到网络中 IP 设备的风险后，应设法采取适当的措施来减少网络风险，即实施网络风险控制。考虑到费用、功能和风险限制等条件约束，风险优化过程可以包括软件替代、打补丁或删除软件等。

风险降低方式存在四个通用限制集合：

（1）操作系统的兼容性：通常规避风险的方法会选择更换软件，这时就要考虑到所要替换的软件是否能够与原操作系统兼容。

（2）功能：更换的软件或技术修改后是否保证了原软件功能不变。

（3）风险限制：由风险管理员来设定，反映风险后果最高可接受边界。

（4）费用限制：与软件有关的费用。从资金上来看，包括安全、配置、维护、升级、培训和购买等费用，可用货币形式表示；从工作时间上来看，包括停工事件、安装、配置、培训和维护等费用，可用小时表示，由风险管理员来设定，约定最高上限；风险管理员应与网络管理员和高级执行人员一起工作，以便准确评估风险和费用范围。

6.5 一种面向多对象的网络化信息安全风险评估算法

对于网络化信息系统评估中众多分系统评估问题，目前大多采用单个分系统逐一评估的方法，费时费力。对此，本节给出一种基于评估对象和评估基准之间广义权距离的面向多对象的网络化信息系统安全风险的评估方法。在充分分析信息系统安全风险因素的基础上，建立了网络信息系统安全风险评估模型，并对资产、威胁性及脆弱性指标进行了标准化赋值；通过构造问题的拉格朗日函数，求解系统的安全状态矩阵，进而确定各分系统所处的安全风险等级。

6.5.1 网络化信息安全风险分析

安全风险分析在网络化信息系统安全风险评估中起着重要的作用，贯穿于整个安全风险评估流程。它通过对被评估系统资产、面临的威胁、脆弱点、安全措施等进行有针对性地分析，进一步确立系统安全风险等级，生成科学、有效的安全风险评估报告。

网络化信息系统的安全风险由各分系统的安全风险决定，该模型是建立在安全风险评估方程：风险=资产×威胁×脆弱性理论的基础之上的，即各分系统的安全风险由资产、威胁性、脆弱性三项指标的安全性决定，其评估模型如图 6.5 所示。

其中，资产评估模块负责对各分系统节点的资源进行评估，确定它们相对于网络的资产值。资产评估的过程也就是对资产机密性、完整性和可用性影响分析的过程，影响就是由人为或突发性事件引起的安全事件对资产破坏的后果。可以通过机密性、完整性和可用性三个因素来衡量资产价值，并对资产进行赋值。

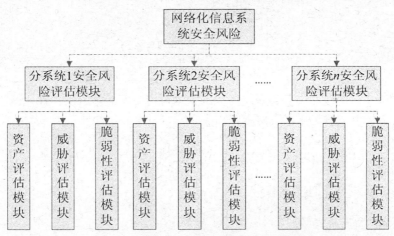

图 6.5　网络化信息系统安全风险评估模型

威胁评估模块负责对节点当前所面临的外在攻击进行检测威胁评估，然后利用量化模型计算出节点的威胁指数。即威胁评估模块负责确定威胁发生的可能性，它受下列四个因素影响：资产的吸引力、资产转化成报酬的难易程度、威胁的技术力量、威胁被利用的难易程度。

脆弱性评估模块是为网络中分系统各节点进行漏洞扫描，将获得的漏洞信息通过量化模型转换成节点的脆弱性指数。脆弱性主要从技术和管理两方面进行评估，涉及物理层、网络层、系统层、应用层和管理层等各个层面的安全问题，也就是说，脆弱性指标应综合考虑物理安全、网络安全、系统安全、应用安全和管理安全五项指标。

这里，我们对各指标均采用定性的相对等级的方式直接赋值，资产、威胁性、脆弱性数据均认为是标准化等级，资产重要度、威胁频度与脆弱性严重程度赋值分别参考第 2 章相应内容。

通过评估，模型最终将输出系统安全风险等级，以此指导安全人员实施安全决策。

6.5.2　基于广义权距离的信息安全风险评估方法

设网络系统中 n 个分系统组成的评估对象集为 $T=\{t_1, t_2, \cdots, t_n\}$。各分系统所对应的指标集 $S=\{s_1, s_2, \cdots, s_m\}$，则分系统用指标特征向量可表示为：

$$r_j = (r_{1j}, r_{2j}, \cdots, r_{mj})^T \tag{6.5.1}$$

进而描述待评估的 n 个分系统的指标特征矩阵为：

$$\begin{bmatrix} r_{11} & r_{12} & \cdots & r_{1n} \\ r_{21} & r_{22} & \cdots & r_{2n} \\ \vdots & \vdots & \cdots & \vdots \\ r_{m1} & r_{m2} & \cdots & r_{mn} \end{bmatrix} = \mathbf{R} = (r_{ij})_{m \times n} \tag{6.5.2}$$

其中，r_{ij} 表示对象 j 的第 i 个评估指标的大小。

又设评估分系统的安全等级为 r 级，组成的等级集为 $L=\{l_1, l_2, \cdots, l_r\}$，则每一等级可用各指标的标准值组成的向量表示，等级 k 可表示为：

$$s_k = (s_{1k}, s_{2k}, \cdots, s_{mk})^T \tag{6.5.3}$$

这些向量可组成的标准等级矩阵为：

$$\begin{bmatrix} s_{11} & s_{12} & \cdots & s_{1r} \\ s_{21} & s_{22} & \cdots & s_{2r} \\ \vdots & \vdots & \cdots & \vdots \\ s_{m1} & s_{m2} & \cdots & s_{mr} \end{bmatrix} = S = (s_{ik})_{m \times r} \tag{6.5.4}$$

式（6.5.4）中每一等级中各分系统的标准数据可由专家经验给出。则各评估分系统 j 的大小和等级 k 之间的差异可用以下广义距离表示：

$$\begin{aligned} \| r_j - s_k \| &= \left[| r_{1j} - s_{1k} |^p + | r_{2j} - s_{2k} |^p + \cdots + | r_{ij} - s_{ik} |^p + \cdots + | r_{mj} - s_{mk} |^p \right]^{\frac{1}{p}} \\ &= \left[\sum_{i=1}^{m} | r_{ij} - s_{ik} |^p \right]^{\frac{1}{p}} \end{aligned} \tag{6.5.5}$$

其中，p 为广义距离参数。

式（6.5.5）给出的是各指标重要程度相同的情形，但不同指标的影响程度是不同的，设对象 j 的各指标权重系数组成向量为 W_j 的权重集合。

$$W_j = (w_{1j}, w_{2j}, \cdots, w_{mj})^{\mathrm{T}} \tag{6.5.6}$$

其中，$0 \leq w_{ij} \leq 1, \sum_{i=1}^{m} w_{ij} = 1$。则对象 j 与等级 k 间的差异用广义权距离描述为：

$$\| W_j | r_j - s_k \| = \left[(w_{1j} | r_{1j} - s_{1k} |)^p + \cdots + (w_{mj} | r_{mj} - s_{mk} |)^p \right]^{\frac{1}{p}} = \left[\sum_{i=1}^{m} (w_{ij} | r_{ij} - s_{ik} |)^p \right]^{\frac{1}{p}} \tag{6.5.7}$$

假设所有分系统状态评估得到的矩阵为 U，

$$U = \begin{bmatrix} \mu_{11} & \mu_{12} & \cdots & \mu_{1n} \\ \mu_{21} & \mu_{22} & \cdots & \mu_{2n} \\ \vdots & \vdots & \cdots & \vdots \\ \mu_{r1} & \mu_{r2} & \cdots & \mu_{rn} \end{bmatrix} = (\mu_{kj})_{r \times n} \tag{6.5.8}$$

其中，μ_{kj} 表示 j 属于 k 的隶属度值，$0 \leq \mu_{kj} \leq 1$，$\sum_{k=1}^{r} \mu_{kj} = 1$，$\sum_{j=1}^{n} \mu_{kj} > 0$。为更加完善地描述 j 的状态和等级 k 间的差异，将广义权距离乘以 j 的状态归属于等级 k 的隶属度 μ_{kj}，即：

$$d(r_j, s_k) = \mu_{kj} \| W_j | r_j - s_k \| \tag{6.5.9}$$

$d(r_j, s_k)$ 称为 j 与 k 之间的加权广义权距离。

为求解矩阵 U，建立目标函数，使评估分系统对于所有等级加权广义权距离平方和最小。

$$\min \left\{ F(\mu_{kj}) = \sum_{j=1}^{n} \sum_{k=1}^{r} [d(r_j, s_k)]^2 = \sum_{j=1}^{n} \sum_{k=1}^{r} \left[\mu_{kj} \| W_j | r_j - s_k \| \right]^2 \right\} \tag{6.5.10}$$

也可表示为：

$$\min \{ F(\mu_{kj}) \} = \sum_{j=1}^{n} \min \left\{ \sum_{k=1}^{r} \mu_{kj}^2 \left[\sum_{i=1}^{m} (w_{ij} | r_{ij} - s_{ik} |)^p \right]^{\frac{2}{p}} \right\} \tag{6.5.11}$$

根据目标函数和等式约束构造 Lagrange 函数：

$$L(\mu_{kj},\lambda) = \sum_{k=1}^{r} \mu_{kj}^2 \left[\sum_{i=1}^{m}\left(w_{ij}\left|r_{ij}-s_{ik}\right|\right)^p\right]^{\frac{2}{p}} - \lambda\left(\sum_{k=1}^{r}\mu_{kj}-1\right) \quad (6.5.12)$$

$$\frac{\partial L(\mu_{kj},\lambda)}{\partial \mu_{kj}} = 2\mu_{kj}\left[\sum_{i=1}^{m}\left(w_{ij}\left|r_{ij}-s_{ik}\right|\right)^p\right]^{\frac{2}{p}} - \lambda = 0 \quad (6.5.13)$$

$$\frac{\partial L(\mu_{kj},\lambda)}{\partial \lambda} = \left(\sum_{k=1}^{r}\mu_{kj}-1\right) = 0 \quad (6.5.14)$$

由式（6.5.13）和式（6.5.14）得：

$$\lambda = \frac{2}{\displaystyle\sum_{k=1}^{r}\frac{1}{\left[\sum_{i=1}^{m}\left(w_{ij}\left|r_{ij}-s_{ik}\right|\right)^p\right]^{\frac{2}{p}}}} \quad (6.5.15)$$

由式（6.5.13）和式（6.5.15）得：

$$\mu_{kj} = \frac{1}{\left[\displaystyle\sum_{i=1}^{m}\left(w_{ij}\left|r_{ij}-s_{ik}\right|\right)^p\right]^{\frac{2}{p}} \displaystyle\sum_{l=1}^{r}\frac{1}{\left[\sum_{i=1}^{m}\left(w_{ij}\left|r_{ij}-s_{il}\right|\right)^p\right]^{\frac{2}{p}}}} \quad (6.5.16)$$

故由式（6.5.2）、式（6.5.4）、式（6.5.6）和式（6.5.16）可求解式（6.5.8），再依据最大隶属度原则判断出各分系统的安全风险等级，由此确定整个网络系统的安全风险等级。

6.5.3 算例

为评估某网络化信息系统的安全状态，依据前面分析给出的安全风险评估模型，运用基于广义权距离的评估方法对其进行评估。设该网络化信息系统由服务器、个人计算机、网络设备（含传输介质）、输入/输出设备、计算机操作系统和通用应用软件平台 6 个分系统组成。

首先，设五种安全等级标准数据组成的安全等级标准矩阵为 S。其中，行分别对应的是资产、威胁性、脆弱性指标$\{index_1, index_2, index_3\}$，列对应的依次是{低、较低、中等、较高、高}五个安全风险等级元素构成的集合{Ⅰ，Ⅱ，…，Ⅴ}。

其次，综合分析实测数据，建立被评估的 6 个分系统的当前技术状态的指标矩阵 R。

S 和 R 分别如下：

$$S = \begin{bmatrix} 1 & 2 & 3 & 4 & 5 \\ 1 & 2 & 3 & 4 & 5 \\ 1 & 2 & 3 & 4 & 5 \end{bmatrix}, \quad R = \begin{bmatrix} 5 & 1 & 2 & 4 & 1 & 5 \\ 3 & 2 & 1 & 3 & 2 & 4 \\ 5 & 4 & 1 & 5 & 3 & 4 \end{bmatrix}。$$

再次，依专家经验，给出指标权重为：$W_j = (0.4, 0.3, 0.3)^T; j=1,2,\cdots,6$。

然后，取广义距离参数 $p=2$，$m=3$ 由式（6.5.16）得：

$$\mu_{kj} = \cfrac{1}{\left[\sum\limits_{i=1}^{3}\left(w_{ij}\left|r_{ij}-s_{ik}\right|\right)^2\right]\sum\limits_{l=1}^{5}\cfrac{1}{\left[\sum\limits_{i=1}^{3}\left(w_{ij}\left|r_{ij}-s_{il}\right|\right)^2\right]}},$$

从而：

$$U = \begin{bmatrix} 0.0311 & 0.2179 & 0.4590 & 0.0298 & 0.2649 & 0.0174 \\ 0.0579 & 0.3772 & 0.4080 & 0.0627 & 0.4768 & 0.0337 \\ 0.1356 & 0.2392 & 0.0835 & 0.1856 & 0.1633 & 0.0888 \\ 0.3988 & 0.1090 & 0.0325 & 0.5363 & 0.0631 & 0.4553 \\ 0.3766 & 0.0567 & 0.0170 & 0.1856 & 0.0320 & 0.4047 \end{bmatrix}$$

最后，依据最大隶属度原则和 U 中的数据，可知 6 个分系统安全状况分别隶属的安全等级如下：

服务器：Ⅳ级（隶属度为 0.3988）；

个人计算机：Ⅱ级（隶属度为 0.3772）；

网络设备：Ⅰ级（隶属度为 0.4590）；

输入/输出设备：Ⅳ级（隶属度为 0.5363）；

计算机操作系统：Ⅱ级（隶属度为 0.4768）；

通用应用软件平台：Ⅳ级（隶属度为 0.4553）。

由上述风险评估结果可以看出，由于服务器、输入/输出设备及通用应用软件平台三个分系统的风险等级为Ⅳ，即处于较高风险状态，网络安全管理人员必须（或某一时限内）采取相应措施降低其网络信息系统安全风险。

习 题 6

1．如何理解漏洞生命周期，它有哪四个突出的时间点？
2．简述网络攻击模型的建立步骤。
3．计算机网络空间下的风险计算过程分为哪两个部分，请简述之。
4．以校园网为例，试分析其网络信息安全风险状况。

第7章 信息安全风险管理

随着计算机与通信技术的不断发展，国民经济和社会发展对信息系统的依赖越来越高。信息系统的安全问题已成为政府有关部门、各大行业和企事业领导关注的热点问题。信息系统所面临的威胁不仅仅来自计算机和网络，自然灾害、环境、误操作、系统漏洞等也会对信息系统带来伤害。信息系统的安全不仅仅是安全技术的问题，它还包括安全管理、安全策略以及安全立法等多方面的内容。本章着重介绍信息安全风险管理理论与安全风险控制策略。

7.1 风险管理概述

7.1.1 风险管理的意义和基本概念

风险管理（risk management）是指以可接受的费用识别、控制、降低或消除可能影响信息系统的安全风险的过程。通过风险评估来识别风险大小，通过制定信息安全方针，采取适当的控制目标与控制方式对风险进行控制，使风险被避免、转移或降至一个可接受的水平。在风险管理方面应考虑控制费用与风险之间的平衡。基于风险评估和风险管理的信息安全管理就是将风险管理自始至终地贯穿于整个信息安全管理体系中，这种体系并不能完全消除信息安全的风险，只是尽量减少风险，尽量将攻击造成的损失降低到最低限度。

在信息时代，信息是第一战略资源。一个机构需要利用其信息资产来完成使命，因此保障信息资产的安全至关重要。而资产与风险是天生的一对矛盾，资产价值越高，面临的风险就越大。信息资产有着与传统资产不同的特性，面临着新型风险。信息安全风险管理的目的就是要缓解和平衡这对矛盾，将风险控制在可接受的程度，保护信息及其相关资产，最终保证机构能够完成其使命。

在信息安全保障体系中，技术是工具，机构是平台，管理是指导，他们紧密配合，共同实现信息安全保障的目标。信息安全保障体系的技术、机构和管理等方面都存在着相关风险，作为信息安全保障体系建设的一项基础性工作，信息安全风险管理体现在技术、机构和管理等方面，需要采用信息安全风险管理的方法加以控制。

信息安全风险管理贯穿信息系统生命周期的规划、设计、实施、运维和废弃各阶段中。每个阶段都存在着相关风险，同样需要采用信息安全风险管理的方法加以控制。

信息安全风险管理依据等级保护的思想和适度安全的原则，平衡成本与效益，合理部署和利用信息安全的信任体系、监控体系和应急处理等重要的基础设施，确定合适的安全措施，以保障机构完成其使命。

7.1.2 风险管理的对象、角色与责任

信息安全的概念涵盖了信息、信息载体和信息环境三个方面的安全。信息指信息本身；信息载体指信息的承载体，包括物理平台、系统平台、通信平台、网络平台和应用平台；信息环境指信息及信息载体所处的环境，包括硬环境和软环境。信息、信息载体和信息环境是指信息安全的三大类保护对象，其相互关系和详细内容如表7.1所示。因此，信息安全是指由信息、信息载体和信息环境组成的信息系统的安全。

表 7.1　　　　　　　　信息安全保护对象的分类和示例

大 类	子 类	示 例
信息		文本、图形、图片、音频、视频、动画、立体等形式
信息载体	物理平台	计算芯片（CPU、控制芯片、专用处理芯片等）、存储介质（内存、磁盘、光盘、磁带等）、通信介质（双绞线、同轴电缆、光纤、微波、红外线、卫星等）、人机界面（终端、键盘、鼠标、打印机、扫描仪、数字摄像机、数字放映机等）等硬件
信息载体	系统平台	操作系统、数据库系统等系统软件
信息载体	通信平台	通信协议及其软件
信息载体	网络平台	网络协议及其软件
信息载体	应用平台	应用协议及其软件
信息环境	硬环境	机房、电力、照明、温控、湿控、防盗、防火、防震、防水、防雷、防电磁辐射、抗电磁干扰等设施
信息环境	软环境	国家法律、行政法规、部门规章、政治经济、社会文化、思想意识、教育培训、人员素质、组织机构、监督管理、安全认证等方面

信息安全风险管理是基于风险的信息安全管理，即始终以风险为主线进行信息安全的管理。从概念上讲，信息安全风险管理涉及信息安全上述三个方面中包含的所有相关对象。对于一个具体的信息系统，信息安全风险管理主要涉及该信息系统的关键和敏感部分。因此，根据实际信息系统的不同，信息安全风险管理的侧重点，即重点选择的风险管理范围和对象有所不同。

信息安全风险管理是基于风险的信息系统安全管理。因此，信息安全风险管理人员既包括信息安全风险管理的直接参与人员，也包括信息系统的相关人员。表7.2对信息安全风险管理相关人员的角色和责任进行了归纳和分类。

表 7.2　　　　　　　　信息安全风险管理相关人员的角色和责任

层 面	信息系统			信息安全风险管理		
	角色	内外部	责 任	角色	内外部	责 任
决策层	主管者	内	负责信息系统的重大决策	主管者	内	负责信息安全风险管理的重大决策
管理层	管理者	内	负责信息系统的规划、建设、运行、维护和监控等	管理者	内	负责信息安全风险管理的规划，以及实施和监控过程中的协调

续表

层面	信息系统			信息安全风险管理		
	角色	内外部	责任	角色	内外部	责任
执行层	建设者	内或外	负责信息系统的设计和实施	执行者	内或外	负责信息安全风险管理的实施
	运行者	内	负责信息系统的日常运行和操作			
	维护者	内或外	负责信息系统的日常维护,包括维修和升级			
	监控者	内	负责信息系统的监视和控制	监控者	内	负责信息安全风险管理过程、成本和结果的监视和控制
支持层	专业者	外	为信息系统提供专业咨询、培训、诊断和工具等服务	专业者	外	为信息安全风险管理提供专业咨询、培训、诊断和工具等服务
用户层	使用者	内或外	利用信息系统完成自身的任务	受益者	内或外	反馈信息安全风险管理的效果

7.1.3 风险管理的内容和过程

信息安全风险管理包括对象确立、风险分析、风险控制、审核批准、监控与审查和沟通与咨询六个方面的内容。对象确立、风险分析、风险控制和审核批准是信息安全风险管理的四个基本步骤,监控与审查和沟通与咨询则贯穿于基本步骤中。

对象确立根据要保护系统的业务目标和特性,确定风险管理对象。风险分析针对确立的风险管理对象所面临的风险进行识别和评价。风险控制依据风险分析的结果,选择和实施合适的安全措施。审核批准包括审核和批准两部分。审核是指通过审查、测试、评审等手段,检验风险分析和风险控制的结果是否满足信息系统的安全要求;批准是指机构的决策层依据审核的结果,作出是否认可的决定。但当受保护系统的业务目标和特性发生变化或面临新的风险时,需要重新进入上述步骤,形成新的一次循环,使得受保护系统在自身和环境的变化中能够不断应对新的安全需求和风险。

监控与审查将是针对上述步骤进行的。一是监视和控制风险管理过程,及过程质量管理,以保证上述4个步骤的过程有效性;二是分析和平衡成本效益,即成本效益管理,以保证上述4个步骤的成本有效性。审查是跟踪受保护系统自身或所处环境的变换,以保证上述4个步骤的结果有效性。

沟通与咨询也是针对上述步骤中的相关人员开展的工作。沟通是为参与人员提供交流途径,以保持他们之间的协调一致,共同实现安全目标。咨询是为所有相关人员提供学习途径,以提高他们的风险意识和知识,配合实现安全目标。

7.2 生命周期各阶段的风险管理

7.2.1 与信息系统生命周期和信息系统安全目标的关系

1. 信息系统生命周期

信息系统生命周期是某一信息系统从无到有，再到废弃的整个过程，包括规划、设计、实施、运维和废弃五个基本阶段。

在规划阶段，确定信息系统的目的、范围和需求，分析和论证可行性，提出总体方案。在设计阶段，依据总体方案，设计信息系统的实现结构（包括功能划分、接口协议和性能指标等）和实施方案（包括实现技术、设备选型和系统集成等）。在实施阶段，按照实施方案，购买和检测设备，开发定制功能，集成、部署、配置和测试系统，培训人员等。在运维阶段，运行和维护系统，保证信息系统在自身和所处环境的变化中始终能够正常工作和不断升级。在废弃阶段，对信息系统的过时或无用部分进行报废处理。当信息系统的业务目标和需求或技术和管理环境发生变化时，需要再次进入上述五个阶段，形成新的一次循环。因此，规划、设计、实施、运维和废弃构成了信息系统建设的一个螺旋式上升的循环，使得信息系统不断适应自身和环境的变化。

2. 信息安全目标

信息安全目标就是要实现信息系统的基本安全特性（即信息安全基本属性），并达到其所需的保障级别。信息安全基本属性包括机密性、完整性、可用性、可追究性和抗否认性等。

机密性是指信息与信息系统不被非授权者所获取或利用的特性，包括数据机密性和访问控制等方面。完整性指信息与信息系统真实、准确和完备，不被冒充、伪造和篡改的特性，包括身份真实、数据完整和系统完整等方面。可用性指信息与信息系统可被授权者在需要的时候访问和使用的特性。可追究性指从一个实体的行为能够唯一追溯到该实体的特性，可以支持故障隔离、攻击阻断和事后恢复等。抗否认性指一个实体不能够否认其行为的特性，可以支持责任追究、威慑作用和法律行动等。保障级别指机密性、完整性、可用性、可追究性和抗否认性在具体实现中达到的级别或强度，可以作为安全信任度的尺度。信息系统的安全保障级别主要是通过对信息系统进行安全测评和认证来确定的。

3. 三者关系

信息安全风险管理、信息系统生命周期和信息安全目标均为正交关系，构成三维结构，如图7.1所示。

第一维（X轴）表示信息安全风险管理，包括对象确立、风险评估、风险控制和审核批准四个基本步骤，以及贯穿这四个基本步骤的监控与审查和沟通与咨询。

第二维（Y轴）表示信息系统生命周期，包括规划、设计、实施、运维和废弃五个阶段。

第三维（Z轴）表示信息安全目标，包括机密性、完整性、可用性、可追究性和抗否认性五个信息安全基本属性。

三维结构关系表示信息系统生命周期的任何一个阶段，都需要通过相应的信息安全风险管理以实现安全目标，并最终完成信息系统等级化的保障体系建设。信息系统生命周期各阶段的特性、信息安全目标及信息系统保障级别随行业特点以及业务特性的不同而有所不同。

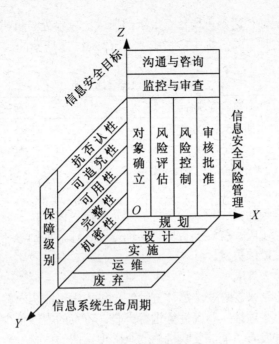

图 7.1　信息安全风险管理、信息系统生命周期和信息安全目标的三维结构关系

7.2.2　规划阶段的信息安全风险管理

1. 安全需求和目标

规划阶段是要明确安全建设的目的，对安全建设目标实现的可能性进行分析并设计出总体方案。为了保证这些工作的成功完成，需要对每个工作任务中可以减少安全风险的环节或可能引入安全风险的环节进行安全风险管理。通过在项目规划阶段的风险管理来降低在项目后期处理相同安全风险所带来的高额成本。

下面列出在项目规划阶段所涉及的安全需求：

明确安全总体方针；

确保安全总体方针源自业务期望；

明确项目范围；

清晰描述项目范围内所涉及系统的安全现状；

提交明确的安全需求文档；

清晰描述从系统的哪些层次进行安全实现；

对实现的可能性进行充分分析、论证。

明确评价准则并达成一致。

2. 风险管理的过程与活动

（1）风险管理过程概述

在项目规划阶段，风险管理者应能清楚、准确地描述机构的安全总体方针、安全策略、风险管理范围、当前正在进行的或计划中将要执行的风险管理活动以及当前特殊安全要求等。为了保证项目规划阶段风险管理目标的实现，我们需要使用科学的风险管理方法，首先确定管理对象，然后通过恰当的风险分析方法来发现安全风险，对于这些风险采用适当的控制手段进行合理处理,以保证其达到机构核查批准的要求,风险处于机构可接受的风险范围内。

在该阶段的风险管理工作过程中,将主要面临如表7.3所示的风险管理活动。

表7.3　　　　　　　　　规划阶段的风险管理活动

序号	风险管理活动	所处风险管理流程
1	明确安全总体方针	对象确立
2	安全需求分析	对象确立、风险分析
3	风险评价准则达成一致	风险控制、审核批准

对于上述风险管理活动,由于处于项目的起始阶段,因此特别需要重视沟通与监控的环节。确保在项目的规划阶段,就安全目标、管理范围、评价准则等在机构内达成一致是项目能否顺利进行和成功完成的关键。

(2) 明确安全总体方针

机构可通过以下方法来管理安全总体方针制定过程中可能引入的安全风险,先对安全总体方针文档的完整性、条理性、明确性等进行审查。审查的内容至少包括以下项目:

①是否已经制定并发布了能够反映机构安全管理意图的信息安全文件。包括核查机构当前业务期望;核查机构当前安全总体方针(包括定义边界关系,识别防御体系强度,识别各类主体);核查机构当前安全策略等。

②风险管理过程的执行是否有机构保障。包括核查机构结构合理性;核查职责分工的合理性;核查监控审查流程的合理性等。

③是否有专人按照特定的过程定期进行复审与评价。包括核查机构当前风险管理复查流程;核查复查情况及调整计划;核查能否确保当系统安全状态发生变化时及时地进入复审与评价的过程,以便及时地修改安全策略,恢复到机构可接受的安全状态等。

④风险管理的范围是否明确。

以上项目需根据机构具体情况进行增加或删减,但至少应建立符合机构业务战略的安全总体方针,从而使得机构安全风险管理有助于业务的运行。对于安全总体方针的核查流程需得到相关部门的审核批准。

(3) 安全需求分析

机构可通过以下方法来管理安全需求分析过程中可能引入的安全风险:应对安全需求分析文档的完整性、条理性、明确性等进行审查;应采用信息安全风险分析方法,通过对信息系统进行风险评估来发现当前安全保障体系中存在的不足。

对于安全需求分析文档的核查流程需得到机构相关部门的审核批准。

(4) 风险评价准则达成一致

机构可通过以下方法来管理风险评价准则制定过程中可能引入的安全风险:

首先,机构应对文档的完整性、条理性、明确性等进行审查。

其次,机构可通过问卷调查或专人访谈的方式核查评价准则是否得到机构一致性的认可。核查项目包括风险管理的要素和风险评价准则是否得到一致性认可。

对于风险评价准则,机构应保证准则文档的清晰性和明确性,以及是否得到机构的一致性认可。如果风险评价准则不能达成一致,这将直接导致无法对风险作出公认的评价,从而导致风险评估的失败。

对于风险评价准则的核查流程需得到机构相关部门的审核批准。

7.2.3 设计阶段的信息安全风险管理

1. 安全需求和目标

设计阶段是依据项目规划阶段输出的总体方案来设计信息系统的实现结构（包括功能划分、接口协议和性能指标等）和实施方案（包括实现技术、设备选型和系统集成等）。在设计信息系统的实现结构和实施方案时，在技术的选择、配合、管理等众多的环节均容易引入安全风险，因此对关键的环节应提出必要的安全要求并有针对性地进行安全风险管理。

在该阶段的主要安全需求包括：对用于实现安全系统的各类技术进行有效性评估；对用于实施方案的产品需满足安全保护等级的要求；对自开发的软件要在设计阶段就充分考虑安全风险。

2. 风险管理的过程和活动

（1）风险管理过程概述

在设计阶段，风险管理者应能标识出在项目结构实现过程中潜在的安全风险，为设计说明中的安全性设计提供评判依据，并对实施方案中选择的产品进行合格检查，确保项目设计阶段的重要环节均能得到较好的安全风险控制。

在该阶段的风险管理工作过程中，将主要面临如表7.4所示的风险管理活动。

表 7.4　　　　　　　　　　设计阶段的风险管理活动

序号	风险管理活动	所处风险管理流程
1	安全技术选择	风险控制
2	安全产品选择	风险控制
3	软件设计风险控制	风险控制

对于上述风险管理活动，机构应该注重通过足够的外部咨询来学习、了解各种技术和产品的优缺点，并在充分内部沟通的基础上得出技术选择说明、产品选型说明以及软件安全要求文档。

（2）安全技术选择

机构可通过如下方法来管理安全技术选择过程中可能引入的安全风险，从而构建符合要求的安全保障体系，包括：参考现有国内外安全标准；参考国内外公认安全事件；参考行业标准；专家委员会决策。

在项目设计阶段，需充分考虑所选择的安全技术能够解决问题的程度，即技术选择的有效性。如果技术选择不合理，将直接导致相应安全弱点的暴露，安全风险的发生将是显而易见的。

对于技术选择文档的核查流程需得到机构相关部门的审核批准。

（3）安全产品选型

机构可通过如下方法来管理安全产品选型过程中可能引入的安全风险，包括：核查是否符合相关安全标准要求；核查是否通过相关认证机构的认证；核查是否满足当前安全保障等级的要求；核查产品的实用性；集中测试；专家会议决策。

安全产品选型的合理程度将直接影响原有设计方案所需要达到的安全防御效果。因此在项目设计阶段要做好安全产品选型的工作。

对于产品选型文档的核查流程需得到机构相关部门的审核批准。

（4）软件设计风险控制

机构可通过如下方法来管理自开发的非通用软件在前期设计过程中可能引入的安全风险，包括：清晰描述软件的安全功能需求；在设计规格说明书中明确指出实现的方法；参考 GB 18336 对设计说明书的安全功能进行核查、补充、完善；对各安全功能进行详细的功能测试。

对于自主开发的非通用软件，通常由于各种原因而存在众多的安全风险，这些风险直接影响了系统的正常运行。另外，在软件设计阶段就考虑好如何规避安全风险将比实现之后再进行补救节省大量的成本。因此，在设计阶段对软件进行风险控制是非常必要和有意义的。

对于软件设计说明文档的核查流程需得到机构相关部门的审核批准。

7.2.4 实施阶段的信息安全风险管理

1. 安全需求和目标

实施阶段将按照规划和设计阶段所定义的信息系统实施方案，采购设备和软件，开发定制功能，集成、部署、配置和测试系统，培训人员，并对是否允许系统投入运行进行审核批准。

实施阶段的安全需求包括：确保采购的设备、软件和其他系统组件满足已定义的安全要求；确保定制开发的软件和系统满足已定义的安全要求；确保整个系统已按照设计要求进行了部署和配置，并通过整体的安全测试来验证系统的安全功能和安全特性是否符合设计要求；通过对相关人员的操作培训和安全培训，确保人员已具备了维持系统安全功能和安全特性的能力；通过对系统投入运行前的审核批准，确保信息系统的使用已得到授权。

在实施阶段，风险管理的主要目标是确保上述安全需求已得到实现。

2. 风险管理的过程与活动

（1）风险管理过程概述

实施阶段的风险管理活动主要包括检查与配置、安全测试、人员培训及授权运行，同时在上述过程中通过监控与审查、沟通与咨询来确保本阶段风险管理目标的实现。各项活动在风险管理流程中所处的位置如表 7.5 所示。

表 7.5　　　　　　　　　　实施阶段的风险管理活动

序号	风险管理活动	所处风险管理流程
1	检查与配置	风险控制
2	安全测试	风险控制
3	人员培训	风险控制
4	授权系统运行	审核批准

在检查与配置、安全测试活动中，信息系统安全人员应与系统使用人员、系统管理人员

在系统安全功能和安全特性、测试计划和测试过程方面进行充分沟通，并相互配合来完成风险控制的工作。信息系统安全员还应监控上述实施过程，如发现问题应及时向主管领导汇报。

（2）检查与配置

应对采购的设备、软件、定制开发的软件和系统进行检查并正确配置，检查与配置内容包括：检查采购的设备和软件是否具有国家主管部门的生产和销售许可证，以及是否通过了国家有关部门的测评和认证；检查采购的设备和软件、定制的软件和系统所具备的安全功能和安全特性；按照产品说明书和设计说明书正确配置设备、软件和系统，确保符合设计要求。

如果在系统实施的过程中增加了新的安全控制措施，还应对新增加的措施给原有系统带来的风险进行分析，确保增加的控制措施与原有设计保持协调一致。

（3）安全测试

系统安全测试是对所开发或采购的系统特定部分的测试和整个系统的测试，测试内容包括：采购的设备和软件、定制的软件和系统各部分安全功能和安全特性的测试；对集成后整个系统的整体安全测试；对安全管理、物理设施、人员、流程、业务或内部服务（如网络服务）的使用，以及应急计划等进行测试。

如果在开发或采购阶段增加了新的控制措施，应进行重新测试。安全测试可以由机构内部实施，也可以聘请第三方专业机构实施。

测试之前应制定测试计划，并对测试过程和测试结果进行记录。

（4）人员培训

培训的对象包括系统使用人员、系统维护人员和安全管理人员，培训过程是沟通与咨询的重要体现。培训内容包括：系统的操作流程和操作方法；安全意识、基本安全技术知识和安全管理知识；系统维护和安全功能的使用；安全管理制度的管理流程；系统安全事件的应急处理流程和恢复流程。

（5）授权系统运行

信息系统在投入运行前应进行审核批准。负责审批的管理者应与系统安全员、系统管理人员、系统使用人员进行充分沟通，必要时还可以聘请专家进行咨询，以便对系统是否可以投入运行做出重要决策。管理者对信息系统可以有以下三种授权方式：

授权系统全面运行。即在对安全测试的结果进行评估之后，如果系统的参与风险被认为是完全可以接受的，那么就可以为系统发布一个全面运行的授权。这时信息系统已被认可，可以没有限制或没有制约地投入运行。

临时批准运行。即在对安全测试的结果进行评估之后，如果系统的参与风险被认为不能完全接受，但是又迫切需要将信息系统投入运行，或机构的使命需要其继续运行，那么就会为信息系统发布一个临时的运行批准。临时批准提供的是一种有限制的授权，允许信息系统在特定时限和条件下投入运行，并使相关人员了解到机构的运行和资产在限定时间内具有相对更高的风险。临时运行额定允许时限应与信息系统的风险等级相关联，最长不应超过一年。在临时批准运行结束前，信息系统应满足全面批准运行的条件，开始全面批准的运行，否则应停止系统运行。

拒绝对运行进行授权。即在对安全测试的结果做出评估之后，如果系统的残余风险被认为是不可以接受的，那么就要拒绝批准信息系统投入运行。对于被拒绝运行的系统，信息系统所有者应与授权管理者和其他相关方进行沟通，重新制定风险控制措施和改进计划，将信息系统的安全风险降低到可接受的程度后，再进行授权审批。

7.2.5 运维阶段的信息安全风险管理

1. 安全需求和目标

运行维护阶段是在信息系统经过授权投入运行之后，通过风险管理的相关过程和活动，确保信息系统在运行过程中以及信息系统或其运行环境发生变化时维持系统的正常运行和安全性。

运行维护阶段的安全需求包括以下内容：在信息系统未发生更改的情况下，维持系统的正常运行，进行日常的安全操作及安全管理；在信息系统及其运行环境发生变化的情况下，进行风险评估并针对风险制定控制措施；定期进行风险再评估工作，维持系统的持续安全；定期进行信息系统的重新审批工作，确保系统授权和时间有效性。

在运行维护阶段，风险管理的主要目标是确保上述安全需求得到实现。

2. 风险管理的过程和活动

（1）风险管理过程概述

运行维护阶段的风险管理主要活动包括安全运行和管理、变更管理、风险再评估、定期重新审批，同时在上述过程中通过监控与审查、沟通与咨询来确保本阶段风险管理目标的实现。各项活动在风险管理流程中所处位置如表 7.6 所示。

表 7.6　　　　　　运维阶段的风险管理活动

序号	风险管理活动	所处风险管理流程
1	安全运行和管理	风险控制
2	变更管理	风险评估、风险控制
3	风险再评估	风险评估、风险控制
4	定期重新审批	审核批准

图 7.2 描述了运行维护阶段风险管理活动的流程。

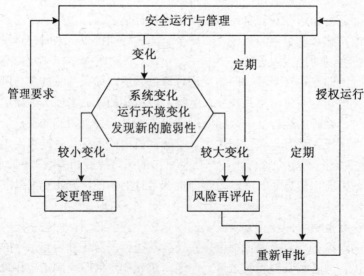

图 7.2　运行维护阶段的风险管理活动

安全运行和管理活动贯穿于整个运行维护阶段，在系统发生变化、运行环境发生变化，以及发现新的脆弱性的情况下，应进行系统变更管理，并将管理要求反馈到安全运行与管理活动中；在变化较大的情况下，应进行风险再评估，再评估活动也应定期进行；系统授权运行的重新审批工作也应定期进行，保证系统授权时间的有效性。

（2）安全运行和管理

信息系统在开始运行之后，应按照控制措施所定义的系统操作要求、运行要求和管理要求，进行安全操作和安全管理，保证系统的安全功能的实现。安全运行和管理的例子包括执行备份、举办培训课程、管理密钥、更新用户管理和访问特权以及更新安全软件等。

（3）变更管理

在信息系统及其与运行环境发生变化时，应评估其风险，并制定和实施相应的控制措施来控制风险。变更管理包括信息系统的变更和系统运行环境的变更：

信息系统的变更包括系统升级、增加新功能、发现新的系统威胁和脆弱性等；系统运行环境的变更包括系统的硬环境、软环境的变化，以及法律法规环境的变化。

在信息系统及其运行环境发生变化时，应执行风险管理流程中的风险评估过程和风险控制过程，分析可能出现的新风险，并制定和实施控制措施对风险进行控制。

变更管理主要用于信息系统及其运行环境变化不大的情况，变更管理无需对系统运行进行重新授权。

（4）风险再评估

风险再评估是重新对系统进行风险评估的过程。应定期进行系统的风险再评估，在信息系统及其运行环境发生重大变化时，也应适时进行风险再评估。定期风险评估的周期一般应为一年，最长不应超过两年。

风险再评估后应执行风险控制过程，针对风险制定和实施控制措施。

（5）定期重新审批

定期重新审批是重新执行信息系统审核批准的过程。信息系统在运行一段时间之后，系统及其运行环境、风险环境都会发生变化，应重新确认系统风险是否仍在可接受的范围内。

信息系统授权的重新审批应以风险再评估的结果为依据，根据系统风险再评估后的风险状况和残余风险，重新审批信息系统是否可以继续运行。

7.2.6 废弃阶段的信息安全风险管理

1. 安全需求和目标

废弃阶段是对信息系统的过时或无用部分进行报废处理的过程。在废弃阶段，风险管理的目标是确保信息、硬件、软件在执行废弃的过程中的安全废弃，防止信息系统的安全目标遭到破坏。

在这一阶段主要的风险管理活动是对系统报废的风险评估和风险控制。

2. 风险管理的过程和活动

（1）风险管理过程概述

系统废弃阶段涉及信息、硬件和软件的安全处置，应防止敏感信息被泄露给外部人员。系统废弃的风险管理活动包括：确定废弃对象，对废弃对象的风险分析，对废弃对象及废弃过程的风险控制。同时在上述过程中通过监控与审查、沟通与咨询来确保本阶段风险管理目标的实现。各项活动在风险管理流程中所处位置如表7.7所示。

表 7.7 废弃阶段的风险管理活动

序号	风险管理活动	所处风险管理流程
1	确定废弃对象	对象确立
2	废弃对象的风险分析	风险分析
3	废弃过程的风险控制	风险控制
4	废弃后的评审	审核批准

（2）确定废弃对象

信息系统在经过一段时间的运行及使用之后，系统的部分或全部可能不再需要。这时要对需要废弃的部分进行分析，确定系统的哪些部分需要废弃。废弃对象的考虑范围包括被废弃的信息、硬件、软件，或者是整个系统。

应建立废弃对象的清单，并进行标识。

（3）废弃对象的风险分析

废弃系统的风险分析主要应考虑被废弃的信息、硬件和软件的安全要求，分析废弃对原有系统造成的威胁和脆弱性，评估不安全废弃可能带来的影响和可能性。

（4）废弃过程的风险控制

废弃过程的风险控制应考虑建立废弃系统的安全处置程序，可考虑以下控制措施：对载有敏感信息的介质应加以安全妥当的保存或采用安全的方式加以处置，如焚烧或碎片，或在清空数据后供本机构内的其他方面使用；把所有的媒体收集起来并进行安全的处置，比试图分离出敏感的物品可能更加容易；许多机构对文件、设备和媒体提供收集和处置的服务。应注意选择一个具有足够的控制措施和有经验的承包商；若可能，对敏感物品的处置应进行记录。

在等候集中处理时，应当考虑到聚集效应，即大量未分类信息堆置在一起可能比少量已分类的信息更敏感。

（5）废弃后的评审

在执行完废弃过程后应对系统废弃后的残余风险进行评审，确保参与风险是在用户可接受的范围内。评审的内容包括确认废弃后系统中的敏感信息已被有效清除，系统废弃的安全要求已得到满足。

7.3 信息安全风险控制策略

面对复杂的大规模网络环境，无论采取多么完美的安全保护措施，信息系统安全风险都将在所难免。因此，在对信息系统进行安全风险评估的基础上，有针对性地提出其安全风险控制策略，利用相关技术及管理措施降低或化解风险，将系统安全风险控制在一个可接受的范围内显得非常必要。

7.3.1 物理安全策略

保证信息系统物理安全是保障整个信息系统安全的前提。物理安全策略主要着眼于系基础设施的安全可靠性,包括物理环境安全与硬件设施安全两方面。

物理环境安全包括如下内容:一是采取区域控制措施,禁止无关人员接近;系统应视具体情况,采取不同的保护措施,防止信息泄露;场地和机房要符合 GB 2887-88《计算站场地技术要求》和 GB 9361-89《计算站场地安全要求》以及 GB 50173-93《电子计算机机房设计规范》等标准。二是对重要设备加装保护装置如电压调整变压器、不间断电源(UPS)等;对电力供应线路使用屏蔽的电缆以及锁定的电缆导管等;配备应急电源,准备足量的燃料支持;按要求使用,设置地接系统,以满足系统使用需求;配备报警装置,制定灾难应急计划并定期组织演练。

硬件设施安全策略包括如下内容:一是所有设备均须经过物理安全认证,在电击、火灾、能量危害等安全防护性能方面符合 GB 4943,在电磁发射和敏感度方面符合 GJB 151;二是对关键信息设备冗余备份,并定期进行维护。

7.3.2 软件安全策略

软件设施是信息系统中最易发生安全风险、又最易忽视其安全风险的一部分,制定信息系统软件设施安全风险控制策略至关重要。主要从操作系统、应用系统、病毒防治三方面讨论其安全策略。

1. 操作系统安全策略

操作系统是所有计算机终端、工作站和服务器运行的基础。操作系统安全策略主要包括以下方面:

(1)操作系统应遵循尽量采用国产设备的原则,防止由此带来的后门对系统的危害。

(2)关键的服务器和工作站应采用安全性较高的操作系统并进行必要的安全配置,如结束系统中不常用却存在安全隐患的进程,关闭不必要的可能被攻击者利用的服务,禁用一些比较敏感的端口等。

(3)配置严格的账户策略和审核策略,并使用加强的口令安全机制,原则上禁止绕过口令验证的远程登录。

(4)对系统内文件和目录的访问权限进行监视,有效阻止未经授权的访问,尤其是对保存有用户信息及口令的关键文件的访问权限进行严格限制。

(5)根据实际情况,合理配置系统日志和审计功能,对系统的使用情况进行监视。

(6)对操作系统进行安全性扫描,针对相关设备存在的安全漏洞进行重新配置或升级。

2. 应用系统安全策略

应用系统的安全控制策略主要包括身份鉴别与访问控制两部分。

身份鉴别主要考虑通过网络通信层、系统层和应用系统层三级验证相结合的方式完成对用户身份的验证,确保用户身份的合法性。其一,在网络通信层,选用具有身份认证和接入控制功能的路由器、访问服务器等网络设备,利用基于口令验证协议的验证机制对用户身份进行验证,且必须通过身份标识与口令的验证才能建立连接,防止非法的网络连接;其二,在系统层,利用账号和口令的方式在本地对用户身份进行验证;其三,在业务应用系统层,可使用 IC 卡身份鉴别方式来确定操作员或用户的身份和操作权限。

访问控制策略包括:其一,对网络服务的访问通过在网络间配置防火墙和访问控制列表来实现,用源 IP 地址、目标 IP 地址、服务端口的组合来鉴别访问者的 ID;其二,对服务器的访问采用 RBAC 的思想,即将不同的权限赋予不同的角色组,然后再将用户指派到不同的角色来实现；其三，遵循安全策略的实施原则，有最小特权原则、最小泄露原则和多级安全策略。

3. 病毒防治安全策略

病毒防范要坚持预防为主、防治结合的方针，综合采用行政和技术措施，防止病毒在网络中传播，保证系统的正常运行。防病毒策略包括以下方面：

（1）根据系统信息的重要性，制定相应的病毒防治管理制度；

（2）选用经过认证的正版反病毒软件或工具进行病毒检测和清除；

（3）从多层次进行病毒防范，即针对网络中可能被病毒攻击的对象如工作站、服务器、网关等配备相应的反病毒软件，进行全方位、多层次的病毒防范；

（4）病毒的检测要采用人工方式和软件自动扫描方式。通过反病毒软件的计划功能进行预定扫描，并开启反病毒软件的实时监控功能；

（5）定期对杀毒软件进行升级，对系统打补丁等；

（6）发现病毒后要及时将病毒的具体情况向上级主管部门汇报，新病毒要提供样本。危害较大的病毒，要及时通知相关部门，做好病毒预警。

7.3.3 管理安全策略

完善安全组织机构是实施系统安全管理的保证，健全信息系统的各项安全管理制度是系统安全的基础。需制定安全计划、应急救灾措施、防止越权存取数据和非法使用系统资源的方法措施；规定系统使用人员，对进入机房的人员进行识别，实行进出管理，防止非法进入；对系统进行安全分析、设计、测试、监测和控制，保证信息系统安全目标的实现；随时记录和掌握系统安全运行情况，防止信息泄露与破坏，随时应对不安全情况；定期巡回检查系统设施的安全防范措施，及时发现不正常情况，防患于未然。

加强安全审计是保证信息系统安全可靠运行的一个重要技术手段。从技术角度来看，监控和审计指对用户和程序使用资源事件进行记录和审查，它是提高安全性的重要工具。审计信息对于确定问题和攻击源很重要，能记录和识别事件发生的日期和时间，涉及的用户、事件的类型和事件的成功或失败，能判断违反安全的事件是否发生，以保证系统安全、帮助查出原因，并且它是后续阶段事故处理的重要依据。

7.3.4 数据安全策略

还需指出的是，除安全风险评估体系中所涉及的几类因素的安全控制策略外，数据安全亦是保证信息安全的关键。数据安全包含数据的机密性与完整性两部分。保证数据机密性可防止组织机密数据或内部使用数据未经授权而泄露，完整性确保了数据内容和数据源的可信性。信息加密和数字签名是保证数据机密性和完整性的主要安全策略。

信息加密可在三个层次上实现，即链路层加密、网络层加密和应用层加密。链路层加密侧重于通信线路的加密；应用层和网络层加密采用安全多用途网际邮件扩展协议（S/MIME，Secure Multipurpose Internet Mail Extensions）、增强保密邮件（PEM，Privacy Enhanced Mail）、IP 安全（IPSec）、安全电子交易（SET，Secure Electronic Transactions）、安全超文本传输协议（SHTTP，Secure Hypertext Transfer Protocol），SSH 协议和 SSL 核心协议，具有加密和认证比对功能，是在 IP 层实现的安全标准。

数字签名技术是实体用私钥加密的信息附在被签名信息的后面，可以保证接受该信息的真实性、完整性和不可否认性。公钥基础设施（Public Key Infrastructure，PKI）是实施公钥加密所需的硬件、软件以及加密系统，可以实现数据加密，其包含的数字签名可以证明传输信息只能是拥有该私钥的实体签名。

习 题 7

1. 简述风险管理的基本概念。
2. 信息系统生命周期包括哪几个基本阶段？
3. 简述运行、维护阶段的风险管理过程。
4. 软件安全策略有哪些，请简述之。

第8章 信息安全风险评估案例

8.1 信息安全保密系统介绍

信息安全保密系统的作用是保证各种涉密信息系统或军事通信网络之间的安全互联互通。针对不同的保护对象，其内涵略有不同，图 8.1 给出了一般的信息安全保密系统的拓扑结构。

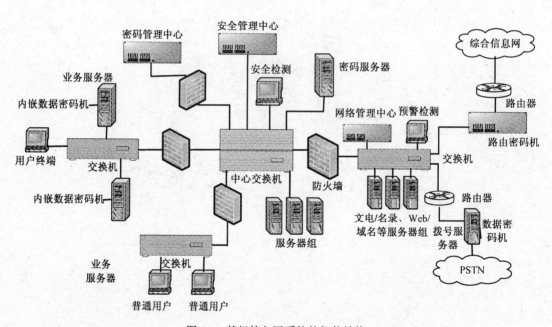

图 8.1 某级接入网系统的拓扑结构

由图 8.1 可知，该接入网为一个专用网络，它包含文电/名录服务器、Web/域名服务器、拨号服务器、业务服务器（内嵌数据密码机）、密码管理中心、安全管理中心、安全检测终端、预警检测终端、网管工作站、客户端、网络连接设备以及网络安全防护设备等。该网络通过两台高性能路由器分别与综合信息网和公用交换电话网 PSTN 连接。

需指出的是，信息安全保密系统的安全保密功能主要是通过给各重要信息服务器或需要进行安全防护的设备加装安全保密装备来实现的。例如，为了保证涉密信息的安全传送，给涉密信息服务器加装数据密码设备和密码管理器；为了保证网络中重要节点数据过滤的安全性，在此节点加装防火墙密码设备等。

选择相关单位 15 位长期致力于通信保密设备的研究、管理与教学工作并对通信保密设备有着丰富使用工作经验的人员作为专家。年龄结构分布在 30~40 岁，学历层次都在硕士以上，专家的选择满足 Delphi 法对专家的要求。针对信息安全保密系统的特点，依据评估指标体系建立的原则和方法，采用 Delphi 法设置、筛选和调整指标，可建立涉及物理环境及保障、硬件设施、软件设施以及系统管理人员四个方面的安全风险评估指标体系，具体如图 8.2 所示。

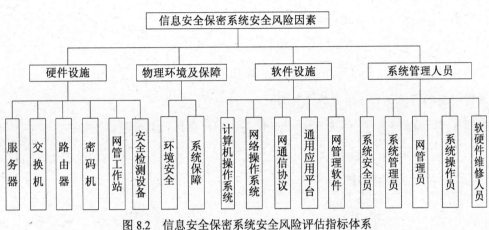

图 8.2　信息安全保密系统安全风险评估指标体系

8.2　信息安全风险的模糊综合评价

在信息系统安全风险评估的实际问题中遇到的多为多级模糊综合评价问题，其一般思想为：把众多的因素划分为若干层次，使每层所包含的因素较少，然后按最低层次中的各因素进行综合评判，层层依次向上评，一直评到最高层次，得出总的评判结果。

8.2.1　一级系统模糊综合评价

系统模糊综合评判是应用较广泛的一类系统决策方法，其信息基础是二元模糊关系 $\tilde{R}$，这里 $\tilde{R} = (r_{ij})_{n \times m}$ 表示从集合 $U = \{u_1, u_2, \cdots, u_n\}$ 到集合 $V = \{v_1, v_2, \cdots, v_n\}$ 的模糊关系矩阵，$r_{ij} = \mu_{\tilde{R}}(u_i, v_j) \in [0,1]$ 表示对模糊关系 $\tilde{R}$ 的隶属度。不同的系统综合评价方法的差异主要表现在对综合评判函数的不同定义和描述上。所以，系统模糊综合评价方法是一种基于备选方案集和属性集之间模糊关系的决策方法。系统模糊综合评价的步骤为：

（1）给定备选方案集 $U = \{x_1, x_2, \cdots, x_n\}$。

（2）找出与评价有关的属性集 $V = \{f_1, f_2, \cdots, f_n\}$。

（3）找出 U 与 V 之间的模糊关系 $\tilde{R}: U \times V \to [0,1]$。$\tilde{R}$ 又可用一个 $n \times m$ 阶矩阵 $\tilde{R} = (r_{ij})_{n \times m}$ 表示，$r_{ij} = \tilde{R}(x_i, f_j) \in [0,1]$，是方案 x_i 隶属于属性 f_j 的程度，称 $\tilde{R}$ 为评价矩阵，对 $\forall x_i (i \in N)$，行向量 $(r_{i1}, r_{i2}, \cdots, r_{in}) \in [0,1]^m$，是 x_i 的模糊属性向量，它可看成是 V 的模糊集。

（4）确定评价函数 $\varphi: [0,1]^m \to R^1$（R^1 是全体函数集），记为：

$$D(\cdot) = \varphi(z_1, z_2, \cdots, z_n) \in R^1。$$

(5) 计算 $D(x_i) = \varphi(r_{i1}, r_{i2}, \cdots, r_{in})\ (i \in N)$。

(6) 按 $D(x_i)\ (i \in N)$ 的大小对 $x_i\ (i \in N)$ 进行排序。

通常称 $D(x_i), i \in N$ 为 x_i 的相同模糊综合评价函数，评价函数最大（有的问题取最小）的对应项即为系统综合评价问题所要确定的最满意方案。常把 $S = (U, V, \tilde{R})$ 称为评价空间。

系统模糊综合评价函数 φ 必须满足以下条件：

（i）唯一性：$\varphi(0, 0, \cdots, 0) = 0$；

（ii）递增性：$z_i \leqslant z_i' \to \varphi(z_1, z_2, \cdots, z_m) \leqslant \varphi(z_1', z_2', \cdots, z_m')$；

（iii）连续性：φ 是变量 $z_1, z_2, \cdots, z_m$ 的连续函数。

这样定义的评价函数还满足如下性质：

性质 8.1 设 $\varphi : [0, 1]^m \to R^1$ 适合唯一性与递增性条件，且满足如下条件：

$$\varphi(z_1 + z_1', z_2 + z_2', \cdots, z_m + z_m') = \varphi(z_1, z_2, \cdots, z_m) + g(z_1', z_2', \cdots, z_m')$$

式中 g 为任一函数，$g : [0,1]^m \to R^1$，则

$$\varphi(z_1 + z_1', z_2 + z_2', \cdots, z_m + z_m') = \sum_{j=1}^{m} a_j z_j$$

这里 $a_j\ (j \in M)$ 为任意非负常数。

该性质表明当各变量 $z_j\ (j \in M)$ 分别增加 $z_j'\ (j \in M)$ 时，相应的评价函数也增加一个量 $g(z_1', z_2', \cdots, z_m')$，而与 $z_j\ (j \in M)$ 无关，说明评价函数 φ 在各变量 $z_j\ (j \in M)$ 上有变化的均匀性。

性质 8.2 设 $\varphi : [0, 1]^m \to [0, 1]$ 适合唯一性与连续性，且满足条件：

$\varphi(z_1 \vee z_1', z_2 \vee z_2', \cdots, z_m \vee z_m') = \varphi(z_1, z_2, \cdots, z_m) \vee g(z_1', z_2', \cdots, z_m')$ 及 $\varphi_j(z_j) = \varphi(0, 0, \cdots, z_j, 0, \cdots, 0)$ 是幂等的 $(j \in M)$，这里 $g : [0, 1]^m \to [0, 1]$ 是任一函数，则

$$\varphi(z_1, z_2, \cdots, z_m) = \bigvee_{j=1}^{m} (b_j \wedge z_j)$$

其中 $b_j\ (j \in M) \in [0, 1]$ 为任意常数。

该性质表明，对 z_j 而言，$z_j' \vee z_j$ 中的 z_j' 起着"下限"的作用。当各单一变量 $z_1, z_2, \cdots, z_m$ 都分别被 $z_1', z_2', \cdots, z_m'$ 所下限时，相应的综合评价函数也被一个量 $g(z_1', z_2', \cdots, z_m')$ 所下限。而 $\varphi_j(z_j)$ 的幂等性反映评价函数在变量 z_j 上接连作两次评价与一次评价具有相同的效果。

性质 8.3 设 $\varphi : [0, 1]^m \to [0, 1]$ 适合性质 8.2 及如下条件：

（i）$\varphi(z_1 \wedge z_1', z_2 \wedge z_2', \cdots, z_m \wedge z_m') = \varphi(z_1, z_2, \cdots, z_m) \wedge g(z_1', z_2', \cdots, z_m')$；

（ii）$\varphi_j(z_j) = \varphi(1, 1, \cdots, z_j, 1, \cdots, 1)$ 有 $\varphi_j(z_j z_j') = \varphi_j(z_j) \times \varphi_j(z_j')\ (j \in M)$，且 $\varphi_j(0) = 0$；

（iii）$\varphi(1, 1, \cdots, 1) = 1$

式中 $g:[0,1]^m \to [0,1]$ 是任意函数，则

$$\varphi(z_1, z_2, \cdots, z_m) = z_1^{c_1} \wedge z_2^{c_2} \wedge \cdots \wedge z_m^{c_m}$$

这里 $c_1, c_2, \cdots, c_m$ 是正实数。

对于给定相同模糊综合评价空间 $S = (U, V, \tilde{R})$，由上述性质知，在一定条件下可选取下列几种综合评价函数：

$$D_1 = \sum_{j \in M} a_j z_j \; ; \quad D_2 = \bigvee_{j \in M} (b_j \wedge z_j) \; ; \quad D_3 = \bigwedge_{j \in M} z_j^{c_j}, c_j > 0$$

在具体的相同模糊综合评价中，评价函数可表述为如下形式：

$$D_1(R) = \tilde{R}_{n \times m} \bullet A_{m \times 1} = \left[\sum_{j \in M} a_j r_{ij}, i \in N \right]_{n \times 1}$$

$$D_2(R) = \tilde{R} \circ B = \left[\bigvee_{j \in M} r_{ij} \wedge b_j, i \in N \right]_{n \times 1}$$

$$D_3(R) = \tilde{R} * C = \left[\bigwedge_{j \in M} r_{ij}^{c_j}, i \in N \right]_{n \times 1}$$

特别地，当评价问题的各属性在相同模糊综合评价中的作用不显著时，可取 $a_j = \frac{1}{m}, b_j = c_j = 1 (j \in M)$。此时，还可将综合评价函数简化为：

$$D(R) = \left[\frac{1}{m} \sum_{j \in M} r_{ij}, i \in N \right]_{n \times 1} ; \quad D(R) = \left[\bigvee_{j \in M} r_{ij}, i \in N \right]_{n \times 1} ; \quad D(R) = \left[\bigwedge_{j \in M} r_{ij}, i \in N \right]_{n \times 1} 。$$

相当于对各隶属度分别取平均值、最大值和最小值作为相同模糊综合评价函数。具体应用时，还可选择其他的评价函数或上述各评价函数的线性组合进行系统模糊综合评价。

8.2.2 二级系统模糊综合评价

在系统综合评价中，需要考虑的因素往往较多，而且这些因素还可能分属不同的层次和类别。进行系统模糊综合评价时，为了区分各评价因素在系统评价中的作用，全面地反映所有因素提供的信息，还需在一级综合评价的基础上进行二级系统模糊综合评价。

具体应用时，可在原给定系统模糊综合评价空间 $S = (U, V, \tilde{R})$ 里，先按上述三种简化的形式计算 D_1, D_2, D_3 得：

$$(d_i)_1 = \frac{1}{m} \sum_{j \in M} r_{ij} \quad (i \in N) \; ; \quad (d_i)_2 = \max_{j \in M} r_{ij} \quad (i \in N) \; ; \quad (d_i)_3 = \min_{j \in M} r_{ij} \quad (i \in N) 。$$

再令论域 $V_1 = \{D_1, D_2, D_3\}$，模糊矩阵 $\tilde{R}_1 = (d_{ij})_{n \times 3}$，式中 d_{ij} 为一次评价用三种评价函数计算而得到的结果 $(d_i)_j (j = 1,2,3, i \in N)$，于是二级系统模糊综合评价空间为 $S_2 = (U, V_1, \tilde{R}_1)$，其中评价因素集 V_1 由三种不同的评价函数组成。对 S_2 再作评判，其评价函数一般认为满足（或近似满足）性质 8.1 的条件，即可采用线性加权求和的形式：

$$\Phi(D_1, D_2, D_3)(R) = \sum_{k=1}^{3} w_k D_k(R) 。$$ 所得的 $d_i(x_i) = \sum_{k=1}^{3} w_k (d_i)_k (i \in N)$ 称为 x_i 的二级系统模糊评

价函数，d_i 值最大的 x_i 就是所求评价问题的满意解。其中三种评价函数的权系数 $w_i(k=1,2,3)$ 可用本书前面提到的权重的确定方法来确定，如 Delphi 法、AHP 法等求得。

同理，系统多级模糊综合评判原理与二级相同。最后，对评价结果 d_i 进行分析处理。在实际工作中，对评价结果的分析处理方法很多，如最大隶属度判别准则、阈值法、隶属度对比系数法等。这里介绍一种模糊向量单值化方法，即根据实际情况赋予不同等级评语 u_j 规定值 β_j，以隶属度 b_j 为权数，被评事物的综合评分值为

$$\beta = \frac{\sum_{j=1}^{m} d_j^k \beta_j}{\sum_{j=1}^{m} d_j^k}$$

一般可取 $k=1,2$。

8.2.3 带置信因子的系统模糊综合评价

模糊综合评价方法是广泛应用的一类决策方法，就其评判及综合的具体方法而言，在结构和算法上不尽相同。但无论是何种方法，抽象地说，它们都是对诸多由主观产生的离散数据进行加工合成的一个过程。因此，最终产生出的评判结果必然存在一个可信与否的问题，并且它也将作为决策者决定是否接受评价结果的一个重要参考指标。本书通过在主观评判过程中引入"置信因子"，提出了一种带置信分析的模糊综合评判方法。

1. 模糊综合评判模型

设评判对象为 P：其因素集 $U=\{u_1,u_2,\cdots,u_n\}$，评判等级集 $V=\{v_1,v_2,\cdots,v_m\}$。对 U 中每一个因素根据评判集中的等级指标进行模糊评判，得到评判矩阵

$$\tilde{R} = \begin{bmatrix} r_{11} & r_{12} & \cdots & r_{1m} \\ r_{21} & r_{22} & \cdots & r_{2m} \\ \vdots & \vdots & & \vdots \\ r_{n1} & r_{n2} & \cdots & r_{nm} \end{bmatrix} \qquad (8.2.1)$$

其中 r_{ij} 表示 u_i 关于 v_j 的"隶属程度"。$(U,V,\tilde{R})$ 则构成了一个模糊综合评判模型。确定各因素重要性指标（也称权数）后，记为 $A=\{a_1,a_2,\cdots,a_n\}$，满足 $\sum_{i=1}^{n} a_i = 1$，合成得：

$$B = A\tilde{R} = \{b_1,b_2,\cdots,b_m\} \qquad (8.2.2)$$

经归一化，得 $B=\{b_1,b_2,\cdots,b_m\}$。于是可确定对象 P 的评判等级，例如可采用最大隶属原则等。

2. 置信因子及其综合

在上述模型中，评判矩阵 $\tilde{R}$ 和权向量 A 是由人主观确定的，这些数据分散和集中的程度从一个侧面反映了整个评判过程的"可信性程度"，这些反映"可信性程度"的量理应作为一个重要的参数体现在最终的评判结果之中。

（1）置信因子的确定

在 $(U,V,\tilde{R})$ 模型中，$\tilde{R}$ 中的元素 r_{ij} 是由评判者"打分"确定的。例如 k 个评判者，要求每个评判者将 u_i 对照 $\{v_1,v_2,\cdots,v_m\}$ 作一次判定，统计得分和归一化后产生

$\left\{\dfrac{c_{i1}}{k}, \dfrac{c_{i2}}{k}, \cdots, \dfrac{c_{im}}{k}\right\}$，且 $\sum_{j=1}^{m} c_{ij} = k, i = 1, 2, \cdots, n$ 组成 $\tilde{R}$。其中 $\dfrac{c_{ij}}{k}$ 既代表 u_i 关于 v_j 的"隶属程度"，也反映了评判 u_i 为 v_j 的集中程度。数值为 1，说明 u_i 为 v_j 是可信的，数值为 0 表示忽略。因此，称反映这种集中程度的量为"置信因子"或"信度"。对于权系数的确定也存在一个信度问题。

用 AHP 法确定权重是一种常用的方法，假定由此得到的 k 组权向量为 $A_i, i = 1, 2, \cdots, k$，且通过一致性检验，其中：

$$A_i = \{a_{i1}, a_{i2}, \cdots, a_{in}\} \quad (8.2.3)$$

作关于权系数的等级划分，由此决定其结果的信度。当取 N 个等级时，其量化后对应于 [0, 1] 区间上 N 次评分。例如，N 取 5，则依次得到 [0, 0.2]，[0.2, 0.4]，[0.4, 0.6]，[0.6, 0.8]，[0.8, 1]。对某个 j，取遍 i，由式（8.2.3）得 $\{a_{1j}, a_{2j}, \cdots, a_{kj}\}$。作和式：

$$\sum_{i=1}^{N} \dfrac{d_{ij}}{k} [a_i, b_i] \underline{\triangleq} [a^j, b^j] \quad (8.2.4)$$

其中：d_{ij} 表示数组 $\{a_{1j}, a_{2j}, \cdots, a_{kj}\}$ 中属于 $[a_i, b_i]$ 的个数，$a_0 = 0$，$b_N = 1$ 取：

$$\xi_j = \dfrac{1}{2}(a^j + b^j) \quad (8.2.5)$$

取遍 $j = 1, 2, \cdots, n$，得 $\xi_1, \xi_2, \cdots, \xi_n$，归一化得到权向量 $A = \{a_1, a_2, \cdots, a_n\}$。如果 $\xi_j \in [a_i, b_i]$，则 a_i 的信度为 $\dfrac{d_{ij}}{k}$。由此得信度向量为 $\{c_1, c_2, \cdots, c_n\}$。

（2）置信因子的综合

设 c_1，c_2 是两个置信因子，对于逻辑 AND，其信度合成为：

$$c = \varepsilon \min\{c_1, c_2\} + (1 - \varepsilon)(c_1 + c_2)/2 \quad (8.2.6)$$

对于逻辑 OR，信度合成为：

$$c = \varepsilon \max\{c_1, c_2\} + (1 - \varepsilon)(c_1 + c_2)/2 \quad (8.2.7)$$

其中：$\varepsilon \in [0, 1]$ 为参数，可适当配置。(8.2.6)、(8.2.7) 二式的含义是：在逻辑 AND 下，$\min\{c_1, c_2\} \leqslant c \leqslant \dfrac{1}{2}(c_1 + c_2)$；在逻辑 OR 下，$\dfrac{1}{2}(c_1 + c_2) \leqslant c \leqslant \max\{c_1, c_2\}$。若 c_1 或 $c_2 \ll 1$，则 (8.2.6)、(8.2.7) 二式中的平均值补偿部分不宜太强。因此，ε 可如下配置：

$$\varepsilon = 1 - \min\{c_1, c_2\} \quad (8.2.8)$$

对于 (8.2.2) 式，其信度合成为：

$$\beta_i = \varepsilon_i \max\{\theta_{1i}, \theta_{2i}, \cdots, \theta_{ni}\} + \dfrac{1}{n}(1 - \varepsilon_i)\sum_{j=1}^{n} \theta_{ji}, \quad i = 1, 2, \cdots, m.$$

其中：

$$\theta_{ij} = \varepsilon_j \min\{c_j, r_{ij}\} + (1 - \varepsilon_j)(c_j + r_{ij})/2, \quad j = 1, 2, \cdots, n.$$

ε_i 和 ε_j 的选择可参照式（8.2.8）。

结合式（8.2.2），得到信度的评价结果：
$$\overline{B} = \{(\overline{b}_1, \beta_1), (\overline{b}_2, \beta_2), \cdots, (\overline{b}_m, \beta_m)\} \tag{8.2.9}$$

模糊综合评判信度的建立，给决策者提供了重要的辅助信息。对相同（或相近）的评判结果，信度越高，理应越重视。同时，对信度低的结果进行决策应慎重。

除了用最大隶属度法列出结果的等次外，还可用平均分数法确定评判结果的等次。尽管两种结果可能会产生差异，但后者更为直观。将$[0,1]$区间m等分，即$[a_1,b_1],[a_2,b_2],\cdots,[a_m,b_m]$，其中$a_1=0, b_m=1$。作出数组$\{(\overline{b}_1, \beta_1), (\overline{b}_2, \beta_2), \cdots, (\overline{b}_m, \beta_m)\}$，归一化得$\{\rho_1, \rho_2, \cdots, \rho_m\}$。令$s=(b_m\rho_m+\cdots+b_1\rho_1)\times 100$，$s$便为评判得分。

8.2.4 基于改进模糊综合评价方法的信息系统安全风险评估

在信息系统安全风险评估实践中，需要综合考虑各种风险因素的影响。由于系统本身的复杂性，其风险因素涉及面广，且存在着诸多具有模糊性和不确定性的影响因素；同时有关风险因素影响的历史数据也非常有限，很难利用概率统计方法来量化风险。因此，信息系统的安全风险评估，往往需要依靠有关专家的判断来进行。对于上述问题，模糊综合评判法是一种行之有效的解决方法。模糊综合评判法是建立在模糊数学理论基础上的一种预测和评估方法，其应用模糊关系合成原理，将一切边界不清、不易定量描述的风险因素定量化，然后对系统的安全风险进行综合评估。

在应用模糊综合评判法对信息系统进行风险评估时，各风险因素的权重分配是一个关键问题。传统AHP法在对风险因素两两比较重要性赋值时没有考虑到专家判断的模糊性和不确定性，且存在诸如判断一致性与矩阵一致性的差异、一致性检验的困难以及缺乏科学依据等问题。

针对上述方法的不足，引入模糊一致判断矩阵来表示信息系统各层次风险因素的相对重要性，给出了一种模糊一致矩阵的排序方法，以求得各风险因素的权重。在此基础上运用多级模糊综合评判法来对信息系统的安全风险进行综合评估，得出系统的安全风险等级。

1. 层次结构模型的建立

建立层次结构模型的目的是，在深入分析实际问题的基础上建立基于信息系统基本特征的评估指标体系，其基本层次有目标层、准则层和指标层。其中，目标层是指问题的最终目标，准则层是指影响目标实现的准则，指标层是指促使目标实现的措施。同一层的诸因素从属于上一层的因素或对上层因素有影响，同时又支配下一层的因素或受到下层因素的作用。信息系统安全风险评估指标体系的层次结构模型如第5章中图5.3所示。

2. 模糊一致判断矩阵的构造和排序

定义8.1 若模糊矩阵$R=(r_{ij})_{n\times n}$满足条件：$r_{ij}+r_{ji}=1$，$i, j=1, 2, \cdots, n$，则称R为模糊互补矩阵。

定义8.2 若模糊互补矩阵$R=(r_{ij})_{n\times n}$满足条件：$ri_j = r_{ik} - r_{jk} + 0.5$，$i, j, k=1, 2, \cdots, n$，则称$R$为模糊一致矩阵。

模糊一致矩阵具有如下性质：

（1）$r_{ii}=0.5$，$i=1, 2, \cdots, n$；

（2）$r_{ij}+r_{ji}=1$，$i, j=1, 2, \cdots, n$；

(3) R 满足中分传递性，即当 $\lambda \geqslant 0.5$ 时，若 $r_{ij} \geqslant \lambda$，$r_{jk} \geqslant \lambda$，则有 $r_{ik} \geqslant \lambda$；当 $\lambda \leqslant 0.5$ 时，若 $r_{ij} \leqslant \lambda$，$r_{jk} \leqslant \lambda$，则有 $r_{ik} \leqslant \lambda$。

模糊一致矩阵的以上性质反映了人们决策思维的习惯，合理性解释如下：

(1) r_{ij} 是元素 i 与 j 相对重要性的度量，且 r_{ij} 越大，元素 i 比 j 越重要，$r_{ij} > 0.5$ 表示 i 比 j 重要；反之，$r_{ij} < 0.5$ 表示 j 比 i 重要；$r_{ij} = 0.5$ 表示元素与其自身相比较是同等重要的。

(2) r_{ij} 表示元素 i 比 j 重要的隶属度，那么 $1 - r_{ij}$ 表示 i 不比 j 重要的隶属度，即 j 比 i 重要的隶属度，即 $r_{ji} = 1 - r_{ij}$，R 是模糊互补矩阵。

(3) 如果元素 i 比 j 重要，且元素 j 比 k 重要，那么元素 i 一定比元素 k 重要；反之，如果元素 i 不比 j 重要，且元素 j 不比 k 重要，那么元素 i 一定不比元素 k 重要。

另外，模糊一致矩阵的构造采用"0.1~0.9"标度法，使得模糊判断矩阵的一致性也基本反映出人类思维的一致性，即可以反映人在判断过程中存在的不确定性和模糊性。由此可见，模糊一致矩阵符合人类的思维特征，与人类对复杂决策问题的思维、判断过程是一致的，通过构造模糊一致矩阵可以在一定程度上反映群体专家判断的模糊性。

在决策者进行模糊判断的时候，构造的判断矩阵通常是模糊互补矩阵而不是模糊一致矩阵，由模糊互补矩阵构造模糊一致矩阵的方法如下：

对模糊互补判断矩阵 $\boldsymbol{R} = (f_{ij})_{n \times n}$ 按行求和，记为 $r_i = \sum_{j=1}^{n} f_{ij}, (i = 1, 2, \cdots, n)$，对其进行以下数学变换：

$$r_{ij} = \frac{r_i - r_j}{2n} + 0.5 \qquad (8.2.10)$$

则由此建立的矩阵 $\boldsymbol{R} = (r_{ij})_{n \times n}$ 是模糊一致矩阵。

模糊一致矩阵排序的方法由式（8.2.11）给出，若模糊矩阵 $\boldsymbol{R} = (r_{ij})_{n \times n}$ 是模糊一致矩阵，则其排序值可由下式计算：

$$w_i = \frac{1}{n} - \frac{1}{2\alpha} + \frac{1}{n\alpha} \sum_{j=1}^{n} r_{ij}, \quad i = 1, 2, \cdots, n \qquad (8.2.11)$$

式（8.2.11）中 α 满足：$\alpha \geqslant \frac{n-1}{2}$，且当 α 越大时，权重之间的差异越小；α 越小，权重之间的差异则越大；当 $\alpha = \frac{n-1}{2}$ 时，权重之间的差异达到最大。

由上可知，可以利用对参数 α 的不同取值来进行权重结果的灵敏度分析，有助于决策者做出正确的权重判断。

邀请 n 位专家（视具体情况而定）对信息系统进行安全风险评估。

首先，利用两两比较法构造判断矩阵 $\boldsymbol{A}'$。采用 0.1~0.9 标度法（见表 8.1）来表示两两比较的值，即判断矩阵的元素取值范围是 $0.1, 0.2, \cdots, 0.9$。判断矩阵 $\boldsymbol{A}' = (a_{ij})_{n \times n}$，其元素值 a_{ij} 反映了专家对各风险因素相对重要性的认识。

表 8.1　　　　　　　　　　　　0.1~0.9 标度

标　度	说　　明
0.5	两元素相比较同等重要
0.6	两元素相比较，i 比 j 稍微重要
0.7	两元素相比较，i 比 j 明显重要
0.8	两元素相比较，i 比 j 重要得多
0.9	两元素相比较，i 比 j 极端重要
互补数	若 i 比 j 相比较判断为 a_{ij}，那么 j 比 i 相比较判断为 $1-a_{ij}$

由表 8.1 所示的标度方法和定义 8.1 可知，判断矩阵 $\boldsymbol{A}'=(a_{ij})_{n\times n}$ 为模糊互补判断矩阵。

然后，将模糊互补判断矩阵 $\boldsymbol{A}'$ 依据式（8.2.10）改造成模糊一致判断矩阵 $\boldsymbol{A}$，进而依据式（8.2.11）计算各层次因素的重要次序，在此 α 取最小值 $\alpha=(n-1)/2$，以体现各指标间相对重要性的差异，由此得到权重集 $W=(w_1,w_2,\cdots,w_n)$。

3. 多级模糊综合评判

（1）确定因素集 U 和评语集 V

信息系统安全风险评估的层次结构模型建立后，因素集 U 就确定了。评语集的确定要根据实际需要而定，一般将评语等级划分为 3~7 级，如采用很危险、危险、中等、安全、很安全。

（2）单因素模糊评判，确定评判矩阵 $\boldsymbol{R}$

单因素模糊评判是对单个因素 $u_i(i=1,2,\cdots,n)$ 的评判，得到 V 上的模糊集 $R_i=(r_{i1},r_{i2},\cdots,r_{im})$，其中 r_{ij} 表示因素集中的因素 u_i 对评语集中的元素 v_j 的隶属度。单因素模糊评判是为了确定因素集 U 中各因素在评语集 V 中的隶属度，建立一个从 U 到 V 的模糊关系，从而导出隶属度矩阵 $\boldsymbol{R}=(r_{ij})_{n\times m}$。

在确定风险因素 u_i 对风险评语 v_j 的隶属度 r_{ij} 时，为了使 r_{ij} 更为客观合理，邀请若干专家对照风险等级度量表（见表 8.2）给出因素 u_i 的安全风险评价，假设对于因素 u_i，有 w_{ij} 个 v_j 评语，那么因素 u_i 隶属于评语 v_j 的隶属度 r_{ij} 为：

$$r_{ij}=\frac{w_{ij}}{\sum_{i=1}^{n}w_{ij}} \quad (8.2.12)$$

表 8.2　　　　　　　　　　　　风险等级度量表

等级	描　述
低	风险发生后可能导致系统业务和组织利益受到极小的损害或影响
较低	风险发生后可能导致系统业务和组织利益受到较小的损害或影响
中等	风险发生后可能导致系统业务和组织利益受到一般的损害或影响
高	风险发生后可能导致系统业务和组织利益受到严重的损害或影响
较高	风险发生后可能导致系统业务和组织利益受到非常严重的损害或影响

（3）模糊综合评判

初级模糊评判是对 U 上的权重集 $W=(w_1,w_2,\cdots,w_k)$ 和评判矩阵 R 的合成，评判结果通常用 B 表示。

$$B = W \circ R = (w_1, w_2, \cdots, w_k) \circ \begin{vmatrix} r_{11} & r_{12} & \cdots & r_{1m} \\ r_{21} & r_{22} & \cdots & r_{2m} \\ \vdots & \vdots & \vdots & \vdots \\ r_{k1} & r_{k2} & \cdots & r_{km} \end{vmatrix} = (b_1, b_2, \cdots, b_m) \qquad (8.2.13)$$

其中，"。"为模糊合成算子，为综合考虑各评估因素的影响并保留单因素评估的全部信息，对模糊合成算子采用 $M(\bullet,\oplus)$ 算子。当权重集和隶属度均具有归一性时，$M(\bullet,\oplus)$ 即为矩阵乘法运算，并且此时 B 也是归一化的。

多级模糊综合评判：对于多层次系统而言，需要从最底层开始评判，并将每层的评判结果作为上层的输入，组成上层的评判矩阵，直到最高层的评判结束。二级模糊综合评判如图 8.3 所示。

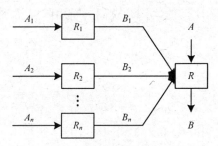

图 8.3　二级模糊综合评判模型

（4）评估结果的判定

利用多级模糊综合评判得到的最终向量 B 对评估结果作出判定，常用的判定准则有最大隶属度准则和加权平均准则。

最大隶属度准则：取评估结果中最大隶属度所对应的安全等级作为系统安全风险评估的最终结果。

加权平均准则：根据实际情况对评估结果向量进行等级赋值，即赋予不同等级评语 v_j 规定值 β_j，以隶属度 b_j 为权数，被评估信息系统的风险综合评分值为：

$$p = \frac{\sum_{j=1}^{m} b_j^k \beta_j}{\sum_{j=1}^{m} b_j^k} \qquad (8.2.14)$$

一般可取 $k=1, 2$。

结合表 8.3 给出的安全风险隶属等级划分标准，即可判定信息系统当前的安全风险等级，从而为管理员实施安全管理控制策略提供科学的依据。

表 8.3　　　　　　　　　　安全风险隶属等级表

评分值 P	0~0.2	0.2~0.4	0.4~0.6	0.6~0.8	0.8~1
安全等级	安全	较安全	一般	较危险	危险

8.2.5　案例分析

下面以第 5 章图 5.6 所示的软件设施为例,运用基于改进模糊综合评价的方法对其进行安全风险评估的过程。

Step1　建立软件设施安全风险评估的层次结构模型

在综合分析软件设施各方面安全风险信息的基础上,建立的软件设施安全风险评估的指标体系如第 5 章中图 5.6 所示,其中包括计算机操作系统、网络操作系统、网络通信协议、通用应用平台以及网络管理软件四个一级指标和缺陷、后门、腐败等 31 个二级指标。

Step2　模糊一致判断矩阵的建立和排序

软件设施安全风险的层次结构模型建立后,请专家根据表 8.1 所示的"0.1~0.9"标度法给出各指标相对重要性的两两比较值,构造模糊判断矩阵 A',然后将 A' 改造为模糊一致判断矩阵,并求出各指标的权重系数。

以计算机操作系统下的指标为例,根据专家给出的各指标的两两比较值建立的模糊互补判断矩阵 A_1' 如下:

$$A_1' = \begin{pmatrix} 0.5 & 0.6 & 0.7 & 0.3 & 0.4 & 0.4 & 0.7 \\ 0.4 & 0.5 & 0.6 & 0.3 & 0.4 & 0.3 & 0.5 \\ 0.3 & 0.4 & 0.5 & 0.2 & 0.3 & 0.4 & 0.6 \\ 0.7 & 0.7 & 0.8 & 0.5 & 0.7 & 0.6 & 0.7 \\ 0.6 & 0.6 & 0.7 & 0.3 & 0.5 & 0.4 & 0.6 \\ 0.6 & 0.7 & 0.6 & 0.4 & 0.6 & 0.5 & 0.7 \\ 0.3 & 0.5 & 0.4 & 0.3 & 0.4 & 0.3 & 0.5 \end{pmatrix}$$

依据式(8.2.10)将矩阵 A_1' 改造为模糊一致判断矩阵 A_1。

$$A_1 = \begin{pmatrix} 0.500 & 0.457 & 0.436 & 0.579 & 0.507 & 0.536 & 0.436 \\ 0.543 & 0.500 & 0.479 & 0.621 & 0.550 & 0.579 & 0.479 \\ 0.564 & 0.521 & 0.500 & 0.643 & 0.571 & 0.600 & 0.500 \\ 0.421 & 0.379 & 0.357 & 0.500 & 0.429 & 0.457 & 0.357 \\ 0.493 & 0.450 & 0.429 & 0.571 & 0.500 & 0.529 & 0.429 \\ 0.464 & 0.421 & 0.400 & 0.543 & 0.471 & 0.500 & 0.400 \\ 0.564 & 0.521 & 0.500 & 0.643 & 0.571 & 0.600 & 0.500 \end{pmatrix}$$

依据式(8.2.11),取 $\alpha = (n-1)/2 = 3$,得到指标的权重向量 W_1。

$W_1 =$ (0.1405, 0.1548, 0.1619, 0.1143, 0.1381, 0.1286, 0.1619)。

同理,可求得网络操作系统、网络通信协议、通用应用平台以及网络管理软件下各指标

的权重向量 W_2、W_3、W_4、W_5 以及一级指标的权重向量 W。

W_2=（0.165, 0.165, 0.225, 0.205, 0.240）；

W_3=（0.1142, 0.1003, 0.1113, 0.1164, 0.1123, 0.1172, 0.1070, 0.1031, 0.1182）；

W_4=（0.1742, 0.1180, 0.1497, 0.1451, 0.1324, 0.1523, 0.1274）；

W_5=（0.2833, 0.3834, 0.3333）；

W=（0.2334, 0.2112, 0.1580, 0.1893, 0.2081）。

Step3 多级模糊综合评判

（1）根据第 5 章中图 5.6 所示的软件设施安全风险评估的层次结构模型，建立评估因素集 U={计算机操作系统, 网络操作系统, 网络通信协议, 通用应用平台, 网络管理软件}，U_1={缺陷, 后门, 腐败, 口令获取, 特洛伊木马, 病毒, 升级缺陷}，U_2={缺陷, 后门, 口令获取, 特洛伊木马, 病毒}，U_3={包监视, 内部网络暴露, 地址欺骗, 序列号攻击, 路由攻击, 拒绝服务, 版本升级缺陷, 鉴别攻击, 其他缺陷}，U_4={后门, 逻辑炸弹, 恶意代码, 病毒, 蠕虫, 版本升级缺陷, 缺陷}，U_5={后门, 恶意代码, 缺乏会话鉴别机制}。另外，将系统安全风险评语集定义为五级，即 V={安全, 较安全, 一般, 较危险, 危险}。

（2）邀请 20 位专家对系统对照表 8.3 所示的风险等级量化表给出各因素的安全风险评价，由此得到各因素的隶属度向量 r_{ij} 以及隶属度矩阵 $R=(r_{ij})_{n\times 5}$。

以计算机操作系统为例，隶属度矩阵 R_1 如下：

$$R_1 = \begin{pmatrix} 0.15 & 0.5 & 0.25 & 0.1 & 0 \\ 0.2 & 0.4 & 0.25 & 0.15 & 0 \\ 0.5 & 0.35 & 0.15 & 0 & 0 \\ 0.1 & 0.3 & 0.4 & 0.2 & 0 \\ 0.2 & 0.25 & 0.3 & 0.25 & 0 \\ 0.1 & 0.4 & 0.3 & 0.15 & 0.05 \\ 0.35 & 0.5 & 0.15 & 0 & 0 \end{pmatrix}$$

同理可得到 R_2、R_3、R_4、R_5。

（3）根据式（8.2.13）将所得的隶属度矩阵 R_i 与相应的权重向量 W_i 作模糊合成运算，得到各层指标的评估结果向量 B_i，以计算机操作系统为例，其初级模糊综合评判结果如下：

$B_1=W_1 \circ R_1=$ （0.242, 0.390, 0.248, 0.114, 0.006）。

同理，可求得 B_2、B_3、B_4、B_5 如下：

$B_2=W_2 \circ R_2=$ （0.465, 0.259, 0.181, 0.081, 0.014）；

$B_3=W_3 \circ R_3=$ （0.376, 0.389, 0.171, 0.045, 0.020）；

$B_4=W_4 \circ R_4=$ （0.385, 0.405, 0.170, 0.041, 0）；

$B_5=W_5 \circ R_5=$ （0.179, 0.374, 0.294, 0.153, 0）。

以初级模糊评判向量构成二级模糊评判的模糊评判矩阵 $R=(B_1, B_2, B_3, B_4, B_5)^T$，结合各一级指标的权重向量 W=（0.2334, 0.2112, 0.1580, 0.1893, 0.2081），则可得到二级模糊综合评判结果为：

$B=W \circ R=$（0.324, 0.362, 0.217, 0.091, 0.008）。

（4）为了避免多级模糊综合评判结果的失效，增加评判结果的客观性，需采用加权平均法则对得到的模糊评判结果进行处理。设各风险等级的赋值向量为 β=(0.1, 0.3, 0.5, 0.7, 0.9)^T，依据式（8.2.14），待定系数为 1，可得到系统综合评分值为 P=0.320。

由表 8.3 所示的安全风险隶属等级的划分标准可知，软件设施的安全风险状况为较安全。

8.3 信息安全风险评估系统设计

系统安全问题涉及政策法规、管理、标准、技术等方方面面，任何单一层次上的安全措施都不可能提供真正的安全，故应从系统工程的角度综合考虑。其中信息系统安全风险评估在这项系统工程中占有重要地位，它是信息系统安全的基础和前提。本节介绍了面向对象的安全风险评估工具，从系统工作流程和原理、系统概念模型框架、评估方法模型库的实现和管理、工程设计要求及系统实现步骤等五个方面，开展了面向对象的信息安全保密系统安全风险评估系统的详细设计。

8.3.1 需求分析与系统工具选择

1. 需求分析

面向对象的信息安全保密系统安全风险评估系统的开发目的是：针对信息安全保密系统的应用实际，建立一套相对完整的多层次风险评估指标体系及相应的安全风险评估模型；为数据采集、综合处理与显示系统提供一个通用的信息安全保密系统风险评估环境，形成评估想定数据库、评估模型库、试验结果分析库等一套完整的评估分析流程，依据指标和想定，评估的最后结果可以文档、图形显示等灵活的形式输出，具有友好的用户界面，易于操作使用。

2. 系统工具选择

系统采用成熟的商用软件技术，运用基于面向对象的 Web 开发方式，开发工具为 Microsoft 推出的 Visual C++。它是一种面向对象的编程语言，具有强大的运算功能，它提供了应用程序框架结构和编程通用类库（Microsoft Foundation Classes, MFC），包含执行引擎、即时编译、安全调试和丰富的组件技术，能够支持被称为中级语言的 C 语言规范，可用于与硬件交互的底层软件开发，并支持与其他兼容语言之间充分的互用性，具有较好的代码可移植性。这一开发工具编程方法简单明了、便于调试和维护，是系统开发的理想工具。系统采用关联数据库技术，主要通过读取 Access 数据库中的数据结合评估模型进行评估，使数据流更为合理、安全可靠且效率更高，能确保系统的安全管理和运行，并具有很强的可扩充性和可连结性，从而使本系统可与其他评估信息系统集成，最终建成评估对象更广、功能更齐全的评估系统。

8.3.2 信息安全风险评估系统的结构设计

面向对象的风险评估系统主要是通过建立一个通用的信息系统安全风险评估环境，在建立想定数据库和指标数据库的基础上，通过风险评估方法模型库进行评估，从而形成风险评估综合环境，为信息安全保密系统的建设与发展提供论证建议。初步的系统设计架构如图 8.4 所示。

第8章 信息安全风险评估案例

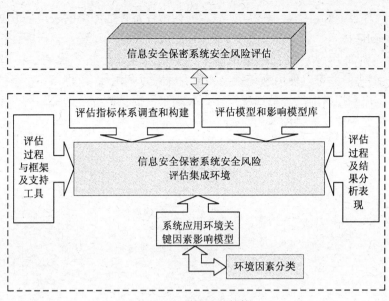

图 8.4 系统总体架构

在图 8.4 中，系统安全风险评估环境由六大功能模块组成：评估指标体系及支持工具、评估方法体系及支持工具、评估过程与框架及支持工具、数据采集及综合处理、系统综合集成接口、评估过程及结果分析表现。

(1) 评估指标体系及支持工具

包括评估指标库及管理工具和评估指标体系验证工具等，是信息安全保密系统安全风险评估指标体系的建立、验证和维护工具，协助用户分析具体问题，建立合适的评估指标体系以满足评估需要。

(2) 评估方法体系及支持工具

包括评估模型库及管理工具、评估模型规范、评估模型建模支持工具等。评估模型库包含各类安全风险评估模型，如模糊理论综合评估模型、模糊神经网络综合评估模型、SEA 与 AHP 结合的评估模型、影响图模型、多属性群体决策模型等。

(3) 评估过程与框架及支持工具

包括评估框架库及管理工具、评估框架维护工具、评估方案辅助生成工具等。评估框架库包含各种评估框架，主要有安全风险评估框架、面向任务的方法、探索性分析与仿真试验结合的分析评估框架等。

(4) 数据采集及综合处理模块

提供数据采集和综合处理的各种手段与方法，支持数据的收集与处理。可分别完成静态和动态数据准备工作：静态数据来源于信息安全保密系统、性能参数等；动态数据可以是安全风险评估系统的扩展，此评估系统可收集仿真运行后的数据作为评估数据源。

(5) 系统综合集成接口模块

安全风险评估系统可与其他综合电子信息系统集成互联，使集成系统根据信息安全保密系统风险分析评估方案进行仿真运行，从中获取安全风险评估所需的各种数据。主要包括功能模块的设计规范、数据规范、接口规范和接口部件等。

(6) 评估过程及结果分析表现模块

提供评估过程表现和各类数据表现功能。评估过程及评估结果的表现采取 B/S 模式，在服务端采用 Apache 技术，客户端通过 IE 等工具完成评估分析过程。分析评估运算服务器从网络上客户端（评估用户）接收评估请求（评估请求是一个格式化的字符串，字符串用 JavaScript 语言书写，并可以使用系统预定义的各种对象和函数），将该字符串解释执行并完成评估运算。客户端把常用的评估请求操作封装起来，提供给综合评价环境一系列函数。通过网络完成评估的主要过程如图 8.5 所示。

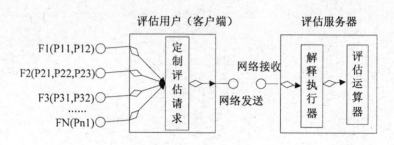

图 8.5　安全风险评估过程及结果分析

8.3.3　信息安全风险评估系统的详细设计

1. 系统工作流程和原理

信息安全保密系统安全风险评估过程可分为五步，其工作流程设计原理如图 8.6 所示。

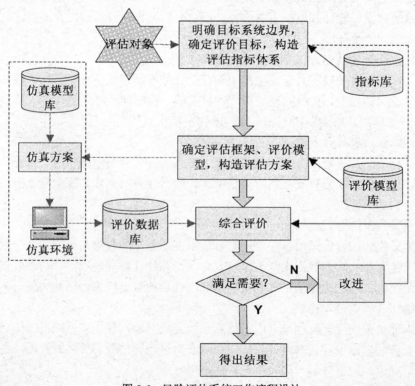

图 8.6　风险评估系统工作流程设计

具体过程为:

Step 1:用户在安全风险评估平台的支持下,分析研究对象,确定系统边界,明确评估目标,构建合适的评估指标体系;

Step 2:选用合适的评估框架和评估模型,建立信息安全保密系统安全风险评估方案;

Step 3:如果系统扩展后和仿真系统互联在一起,可以在安全风险评估引擎等运行支撑子系统的支持下仿真演练运行,采集被考察系统的指标数据;

Step 4:使用合适的安全风险评估模型进行评估,并在演示系统中表现评估结果;

Step 5:用户分析评估判断,生成评估方案的改进指令,再次进行仿真演练分析评估。

如此反复,直到达到评估的最终目的。

2. 系统概念模型框架

系统概念模型框架如图8.7所示,面向对象的安全风险评估系统主要包括以下部分。

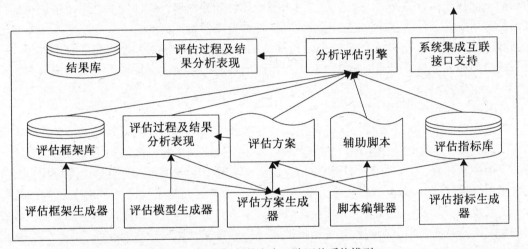

图8.7 面向对象的安全风险评估系统模型

(1) 评估模型生成器

评估模型生成器是集图形与文本编辑于一体的可视化集成编辑环境,用于编辑评估算法模型、表现代码及想定。该部分将为用户提供一系列的系统安全风险评估算法,可支持信息安全保密系统安全风险评估的需求。用户可在此环境下修改、增加新的算法模型和表现代码等。

(2) 模型库管理系统

模型库用于存放安全风险评估系统所需的各类模型,包括典型的评估方法模型部件。模型库管理系统是开放的管理系统,可帮助用户在模型库中加入新的模型,删除废弃的模型,它对模型的存储、维护和修改进行管理,包括模型的删除、加入、拷贝及库的合并与分割等,必要时可通过建立目录等方式以方便模型的存储和查询。

(3) 评估框架生成器

用交互和向导的方式生成各种评估框架(主要有风险评估框架、面向任务的方法框架等),并可对现有评估框架进行修改和维护,从而提高特定框架对特定应用的针对性与适用性。

(4) 评估方案生成器

剧情（想定脚本）是系统要执行的任务，是关于环境、运行方式（策略）的一组条件，模拟剧情的产生是面向对象的安全风险评估系统得以运行的一组初始触发条件。剧情产生器执行模拟产生战场环境的功能，它在自身的模型库和模型库管理程序的支持下，为用户提供典型的作战环境、信息安全等模型作为评估的背景，也可以由用户自行输入的剧情作为评估条件。这样，由于剧情设定的不同，可以评估多种情况下信息安全保密系统的应用环境。

3. 评估模型库

信息安全风险评估系统的建设目标之一就是建立通用的风险评估模型，通过研究当前广泛使用的各种风险评估方法，形成评估模型库，以综合各评估算法的优势，并实现数据和模型的分离。在本书提到的基于模糊理论的评估与基于模糊神经网络的评估基础上，补充以下几种评估方法：

（1）SEA 和 AHP 相结合的评估

信息安全保密系统是一个复杂的人机动态系统，对其安全风险的评价应该是系统动态评估和静态评估相结合的评估。SEA 方法讨论系统属性和使命属性的匹配程度以及被使用的程度，是对系统的一种动态评价。在对系统完成使命要求评价的同时，不能忽略对系统本身的考虑和评价，因此应在 SEA 的基础上，利用 AHP 法的优势增加对系统本身的静态评价，将对系统的动态评价与静态评价相结合，最终得到对通用的信息安全保密系统安全风险总的评价。

（2）基于影响图模型的评估

信息安全保密系统是直接面向任务的，其各项技术指标有何内在关系，对系统风险有何影响，都必须在运行过程中考核。现代作战过程中交织着许多难以厘清的物质流与信息流构成的反馈控制环路，并且这些物质流与信息流之间的相互作用关系极为复杂，难以用定量的数学模型来描述。面向微分方程模型的影响图建模分析方法结合了反馈与非线性这两个概念，可以用来建立复杂过程的微分方程模型。使用该方法分析通信保密装备间的相互影响关系并画出系统的影响图，根据影响图与各指标的实际物理意义，运用一定的建模算法，最后得出状态方程，利用状态方程可方便分析各项指标对系统风险的影响。

在系统实现时，可分别实现当前比较成熟的评估算法，并按照一定的规范存入数据库，以建立通用的信息安全保密系统风险评估算法模型。

4. 信息安全风险评估系统开发工程设计要求

（1）评估方案设计的灵活性

评估方案的设计应以评价框架为指导，调用评估模型和各种辅助模型，生成一段脚本。脚本式的评估方案允许用户进行各种修改，以适应特定问题的需要，因此具有较大的灵活性。

（2）评估演示环境的良好扩展性

评估框架库、评估模型库和各种辅助库都用构件技术实现，采用 MySQL 数据库技术实现了各类模型的即插即用，使不同语言和环境开发的模型可以嵌入评估环境中。用户也可编制特定的构件以满足特殊需要。

（3）评估结果表现的多样性

评价结果采用两种输出方式，一种是直观的多媒体表现，包括各类折线图、直方图等；另一种可以文本或表格形式输出，方便地生成评估报告。

（4）各种模型的可重用性

构件技术的使用使得各类模型具有较强的可重用性。

(5) 评估应用方式多样性

由于采用 B/S 模式，且主要评估运算在服务器端，客户可以在本地应用，也可通过网络在异地完成。

8.4 信息安全风险评估系统实现

信息安全风险评估系统实现分以下步骤：

Step 1：问题分析。针对信息安全保密系统的参数指标，详细获得各项技术指标。

Step 2：指标体系建立。在第一步的基础上，利用指标分类和多属性决策的方法筛选确定关键性指标，并按照评估目标对指标进行层次划分，直至形成一套完整的多层次指标体系。

Step 3：评估模型库构建。重点是建立通用的信息安全保密系统安全风险评估模型，就当前广泛使用的各种评估方法模型进行深入研究，形成一个评估模型库，以综合各评估算法的优势，并且还可以实现数据和模型的分离。

Step 4：数据准备。在搜集信息安全保密系统安全风险参数的基础上形成通用的信息安全保密系统性能数据库，为综合风险评估奠定基础。

Step 5：具体编程实现。依据软件的 B/S 结构，采用 C#语言实现软件编程。

Step 6：模型检验。在编程实现的基础上，进行模型检验，依据检验结果修正评估模型，以得到可信的评估结果。

Step 7：评估结果分析。可以报表、图形的形式方便地显示结果。

Step 8：给出系统安全风险控制策略。

其主要包括五大功能模块的实现，分别是系统管理、风险评估准备、风险要素识别、评估指标体系、总体评估。具体如下：

8.4.1 系统登录

系统登录中设置了两种不同的角色登录，系统管理员负责系统的管理以及用户的添加，一般用户负责风险评估工作。如图 8.8 所示的是系统登录界面。

图 8.8 系统登录界面

实现代码如下：

将输入的用户名及密码的登录信息经过MD5哈希函数处理后与数据库tb_login表中的信息进行对比，如果信息一致则登录系统成功，否则提示出错：

（1）用户名及密码经过MD5哈希算法加密：

byte[] data = UTF8Encoding.UTF8.GetBytes(Source);
MD5 md5 = new MD5CryptoServiceProvider();
byte[] result = md5.ComputeHash(data);

（2）经过MD5哈希算法加密后登录信息与数据库信息对比：

string strSql = "select * from tb_login where Role ='" + a + "' and User ='" + b + "' and Password ='" + c + "'";
DataSet ds = dataoperate.getDs(strSql, "tb_login");
if (ds.Tables[0].Rows.Count > 0)
{
this.Hide();
Main main = new Main ();
main.Show();
}

8.4.2 系统管理

系统管理部分主要包括评估专家用户信息的注册，评估工程的建立、关闭，系统退出。

1. 用户管理

在这里实现了对参与评估专家信息的添加，方便管理与登录的安全性。其本质是利用SQL语句结合Visual C#和Access 2007将评估专家的登录信息经过MD5哈希函数处理后存入数据库的tb_login表中，表中设置了Role、User、Password字段，分别用来存储用户角色、用户名称、用户密码。

实现代码如下：

（1）用户名及密码经过MD5哈希算法加密：

byte[] data = UTF8Encoding.UTF8.GetBytes(Source);
MD5 md5 = new MD5CryptoServiceProvider();
byte[] result = md5.ComputeHash(data);

（2）利用SQL语句将哈希后的信息存入Access数据库中：

DataOperate dataoperate = new DataOperate();
DataSet ds;
dataoperate.getCom("insert into tb_login (Role,User,Password) values('" + a + "','" + b + "','" + c + "')");

2. 工程管理

工程管理主要是用来实现风险评估工程的建立、打开和关闭。

风险评估工程的建立、打开和关闭实际上是对数据库的操作，工程的建立是新建一个数据库，工程的打开是打开一个已经存在的数据库，工程的关闭是将数据库关闭。

实现代码：

（1）工程的新建：

```
public void New()//新建数据库
{
if(this.conn.State != ConnectionState.Open)
{this.conn.New();}
}
```
(2) 工程的打开：
```
public void Open()//打开数据库
{
if(this.conn.State != ConnectionState.Open)
{this.conn.Open();}
}
```
(3) 工程的关闭：
```
public void Close()//关闭数据库
{
if((this.conn.State == ConnectionState.Open) && !this.b_IsInTrans)
{this.conn.Close();}
}
```

3. 系统退出

系统退出主要实现风险评估系统的安全退出。

实现代码如下：

```
if(MessageBox.Show("是否确定退出？", "评价系统提示", MessageBoxButtons.OKCancel, MessageBoxIcon.Asterisk) == DialogResult.OK)
{
Application.Exit();
}
```

8.4.3 风险评估准备

　　风险评估的准备主要是实现文档的自动化生成，软件向导式地提示用户输入风险评估准备活动的相关信息，信息输入结束后自动生成文档。编程中的主要技术是对 Word 文档的操作。如图 8.9 所示的就是风险评估准备软件界面。

　　实现代码：

　　首先需要引用 MSWORD.OLB，打开菜单栏中的项目>添加引用>浏览，在打开的"选择组件"对话框中找到 MSWORD.OLB 后按"确定"即可引入此对象库文件，Visual C#将会自动将库文件转化为 DLL 组件，这样我们只要在源码中创建该组件对象即可达到操作 Word 的目的。

```
using Word;
//创建 Word 文档
Word.Application WordApp = new Word.ApplicationClass();
Word.Document WordDoc=WordApp.Documents.Add(ref Nothing, ref Nothing, ref Nothing, ref Nothing);
```

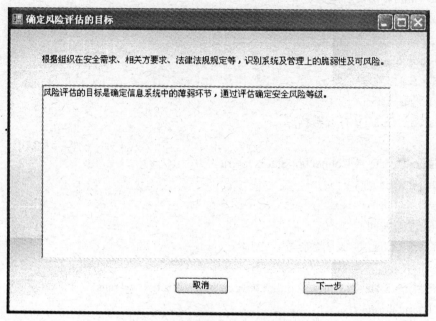

图 8.9　风险评估准备软件界面图

8.4.4　风险要素识别

风险要素识别的实现主要利用 SQL 语句操作数据库,将资产识别、威胁识别和脆弱性识别的赋值情况添加到数据库中,并且生成各要素识别清单。如图 8.10 所示的就是风险要素识别界面图。

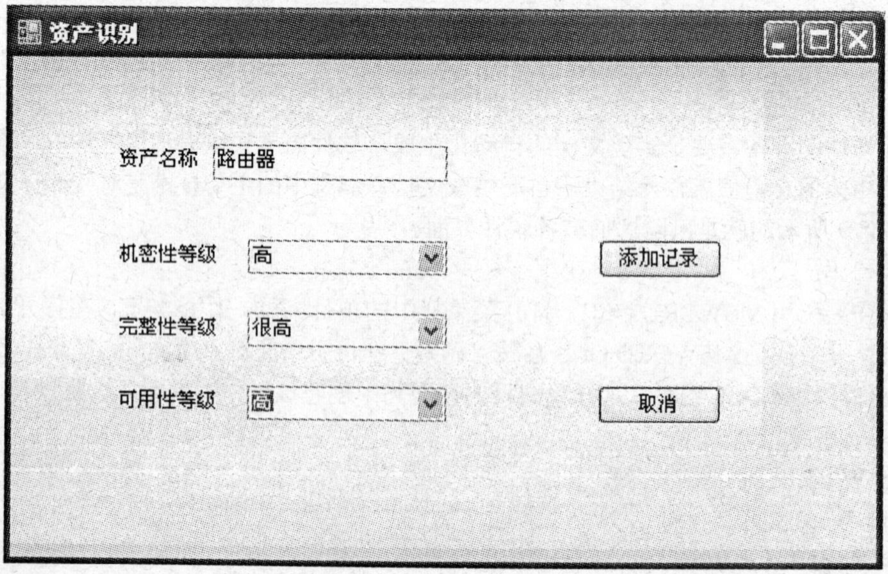

图 8.10　风险要素识别界面图

实现代码：

将风险要素识别信息通过数据库操作存入 tb_xinxi 数据表中：

DataOperate dataoperate = new DataOperate();
DataSet ds;
dataoperate.getCom("insert into tb_xinxi (Risk_factors, Assets, Threat, Vulnerrability, Score, Evalunator, Evalunator_role) values('" + a + "','" + b + "','" + c + "','" + d + "','" + e + "','" + f + "','" + g + "')");

8.4.5 评估指标体系

针对专用信息系统的特点，依据指标体系建立的原则和方法，可建立涉及物理环境及保障安全风险、专用硬件设施安全风险、专用软件设施安全风险以及专用系统管理安全风险四个方面的安全风险评估指标体系。其中环境及保障安全风险指标体系下包括专用环境安全风险和专用系统保障风险；专用硬件设施安全风险指标体系下包括服务器安全风险、交换机安全风险、路由器安全风险、密码机安全风险、网管工作站安全风险和安全检测设备安全风险；专用软件设施安全风险指标体系下包括计算机操作系统安全风险、网络操作系统安全风险、专用网管通信协议安全风险、通用应用平台和专用网管理软件安全风险；专用系统管理安全风险指标体系下包括专用系统安全员安全风险、专用系统管理员安全风险、专用系统操作员安全风险和软硬件维修人员安全风险。如图 8.11 所示的是指标体系界面图。

图 8.11　指标体系界面图

8.4.6 总体评估

总体评估使用的是 AHP 法，利用建立的信息系统指标体系，即三层模型，输入专家给出的数据进行 AHP 法的风险评估。

在 AHP 法中计算判断矩阵的最大特征值与特征向量选择了方根法这种近似法进行计算，

结果比较精确。所以在编程实现上使用了方根法。如图8.12所示的是总体评估界面图。

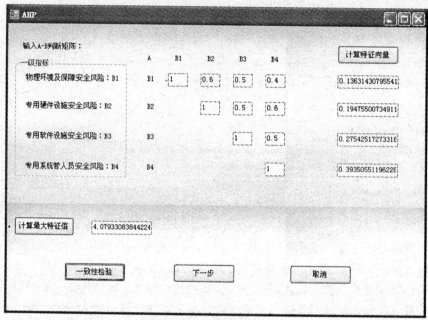

图8.12 总体评估界面图

实现代码：
（1）计算特征向量，n[i]就是所求的特征向量：
for(i = 1;i <= n;i++)
for(j = 1;j <= n;j++)
{b[i] *= a[i][j];}
for(i =1;i <= n;i++)
{l[i] = Math.Pow(b[i],n);
m += l[i];}
for(i = 1;i <= n;i++)
{n[i] = l[i]/m;}
（2）计算最大特征值，lmax就是所求的最大特征值：
for(i = 1;i <= n;i++)
for(j = 1;j <= n;j++)
{lmax = a[i][j]*n[j]/n[i];}
一致性检验
先计算 C.I.：
private double ci(double l, int n)
{double cid = (double)(l - n) / (n - 1);
 return cid; }
再计算 C.R.：
private double cr(double ci, double ri)

```
{double crd = ci / ri;
 return crd;}
```
最后判断 C.R.来判断一致性是否通过：
```
if(cr(ci(lmax, n), ri(n)) < 0.10 || n < 3)
    label4.Text = "C.I.<0.10，一致性检验通过！";
 else label4.Text = "C.I.>=0.10，一致性检验不通过！";
```
权重信息存储

DataOperate dataoperate = new DataOperate();

DataSet ds;

dataoperate.getCom("insert into tb_QuanZhong (Evaluation_project, Relative_weight) values('" + a + "','" + b + "')");

风险等级计算

将各风险要素的权重和对应的风险要素的赋值加权计算，然后得出相应安全风险等级，如图 8.13 所示的就是风险等级计算界面图。

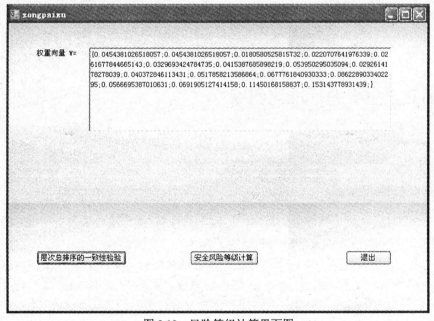

图 8.13　风险等级计算界面图

第9章 信息安全风险评估标准

9.1 引言

信息安全问题正逐步得到全社会的普遍关注，企业或机构的经理人、董事会、领导层和广大工作人员也开始逐步认识到自己在信息安全管理中的责任与义务，企业和机构都面临遵守各种信息安全法规和标准要求的问题。

随着信息安全方面各种法律、法规和标准的不断出台，其数量正在迅速增加，做好信息安全法律、法规和标准本身的统一、标准工作，自然也就成了一个非常现实、急需解决的问题。

网络与信息安全标准是确保网络与信息安全产品设计、开发、生产、建设、使用和测评等一致、可靠、先进、可控、符合各项要求的根本规范、依据、准则和要求。

9.2 国际上主要的标准化组织

国际上，网络与信息安全标准化工作兴起于20世纪70年代中期，20世纪80年代有较快发展，20世纪90年代后开始引起世界各国的普遍关注和重视。

9.2.1 国际标准化组织

在国际标准化组织中，主要由 ISO/IEC JTC1（信息技术标准化委员会）所属的安全技术分委员会（SC27）负责开展安全标准的制定工作。

SC27成立于1990年4月，秘书处设在德国标准化协会（DIN），主要工作范围为信息技术安全的一般方法和技术标准化，包括：确定信息技术系统安全的一般要求（含要求对应的测试方法）；开发安全技术和机制（含注册程序与安全组成部分的关系）；开发安全指南（如解释性文件、风险分析）；开发管理支撑性文件和标准（如术语与安全评估准则）。

截至2005年12月，SC27已制定和正在制定的国际标准有81项，这些标准主要涉及密码算法、散列函数、数字签名、实体鉴别、安全评估、安全管理等领域，对推动国际信息安全发挥了重要作用。

9.2.2 Internet工程任务组

Internet工程任务组（IETF）主要负责提出Internet标准草案和称为"请求注解RFC"的协议文稿，内容广泛，当然也包括信息安全方面的建议稿。RFC经过网上讨论、修改、完善，被大家接受的就成了事实上的标准。

目前，IETF有关信息安全的工作组有：btns、idwg、inch、isms、kink、kittn、krb-wg、

ltans、mobike、msec、openpgp、pki4ipsec、pkix、sacred、sasl、secsh、smime、syslog、tis 共 19 个。

截至 2005 年底，有关信息安全方面的 RFC 有 270 多个。这些工业标准对提高和改善 Internet 的安全性起到了重要作用，如 PKI、IPSec 等标准及其草案将成为指导 Internet 安全的重要文件。

9.2.3 美国标准化组织

在美国，从事信息安全标准化研究工作的机构主要有美国国家标准学会（ANSI）和国家标准技术研究所（NIST）。ANSI 通过其 X3、X9、X12 等机构制定了很多有关数据加密、银行业务安全和 EDI 安全等方面的标准。这些标准中，有许多经国际标准化组织反复讨论后已成为国际标准，如有关金融交易卡、密码服务消息、商业交易安全等方面的安全标准就有十多个。

根据 1987 年的"计算机安全法案"，联邦政府的非密敏感标准和指南由国家标准技术研究所（MST）负责制定和发布。截至 2005 年 12 月，NIST 已制定 30 多个有关信息安全的联邦信息处理标准（FIPS）以及 120 份有关信息安全的专题出版物（SP 800 系列和 SP 500 系列），其中的一个著名例子是数据加密标准（DES）。

除 ANSI 和 ANST 之外，美国国防部（DOD）也十分重视信息安全问题，曾以国防部指令（DODDI）的形式发布了一些有关信息安全和自动信息系统安全的标准，最典型的是 DOD 5200.28-STD《可信计算机系统评估准则》（TCSEC），受到各方面的广泛关注。另外，美国电气电工工程师协会(IEEE)在信息安全标准化方面也做出了突出贡献，如提出了 LAN/WAN 安全方面的标准和公开密钥密码标准（P1363）等。

9.2.4 欧洲标准化组织

欧洲主要的标准化组织有欧洲计算机制造商协会（ECMA）和欧洲电信标准协会（ETSI）。

ECMA 下属的 TC36"IT 安全"小组负责信息技术设备安全标准的制定工作，目前主要制定商用和政府用信息技术产品、系统安全性评估标准化以及开放系统环境下逻辑安全设备的框架。

ERSI 是欧洲区域性标准化组织，其 ESI（电子签名和基础设施）、LI（合法监听）和 SAGE（安全算法专家组）分别负责制定了多个有关数字签名、PKI 和密码算法方面的标准，包括 GSM 鉴权算法-A3/A5 算法。

英国标准学会（BSI）制定的 BS 7799 系列标准和德国制定的"IT 基线保护手册"（IT baseline protection manual）也是在国际上有较大影响的信息安全与信息管理方面的标准。

9.3 BS 7799 信息安全管理实施细则

9.3.1 BS 7799 历史

英国标准 BS 7799 是目前世界上最典型、应用最广泛的信息安全管理标准，是在英国信息安全管理委员会指导下制定完成的。

BS 7799 标准于 1993 年由英国贸易工业部立项，1995 年在英国首次出版 BS 7799-1：1995《信息安全管理实施细则》，它提供了一套综合的、由信息安全最佳惯例组成的实施规则，目的是作为确定各类信息系统通用控制范围的唯一参考基准，并使之适用于大、中、小组织。

在 BS 7799 标准第一部分的编写过程中，不同行业的大公司和大企业都为标准的编写提供了经验支持，如金融服务业中的英国保险协会、英格兰和威尔士会计协会、内部审核员协会、劳埃德检测协会、全国建筑协会、汇丰银行，通信业中的大英电信公司、Racal 网络服务公司等，都提供了自己在信息安全管理方面的经验以及容易存在的问题，再如大型零售业中的 Marks&Spencer、壳牌、联合利华、毕马威等国际公司，都为第一部分的组织和内容提供了诸多建议和验证。可见，《信息安全管理实施细则》是在实践中不断积累的产物，具有一定的普适性。

1998 年，英国公布了该标准的第二部分《信息安全管理体系规范》，规定了信息安全管理体系要求与信息安全控制要求，是一个组织全面或部分信息安全管理体系评估的基础，可以作为一个正式认证方案的依据。

2002 年，英国标准协会对 BS 7799-2：1999《信息安全管理体系规范》进行了重新修订，正式引入 PDCA 过程模型，以此作为建立、实施、持续改进信息安全管理体系的依据，同时，新版本的调整更显示了与 ISO 9001：2000《质量管理体系》、ISO14001：1996《环境管理体系》等其他管理标准以及经济合作与开发组织（OECD）基本原则的一致性，体现了管理体系融合的趋势。

2004 年 9 月 5 日，BS7799-2：2002 正式发布，随即提交国际标准化组织并迈入"快速通道"。

依据 BS 7799 提供的框架，一个组织可以对自己的信息资产进行识别，并明确其安全责任的归属，同时还可以对组织信息资产面临的安全威胁、正在发生或已经发生的安全事件进行规范的评估。这些行为从表面上看是组织内部的事情，然而其影响却是深远的。它不仅使组织知道该干些什么、该怎样干、结果达到了怎样的程度，而且使组织的合作伙伴因此增加了对组织的信任，可以说这是一举两得的好事。实施 BS 7799 信息安全管理体系的另一个目标是要为组织的客户信息体系提供一个安全的环境，它能够有效保护所有客户的信息，从信息建立、运用到销毁的整个过程，令所有活动都受此标准的控制与监管。随之而来的是组织在客户中信誉和声望的提高。

目前，这套标准已得到许多国家的认可和接受，包括澳大利亚、南非、新西兰、荷兰和挪威等。英国政府 1998 年出版的资料保护法案（2000 年 1 月开始实施）就建议英国企业采用 BS 7799，以符合该法案的规定。截至 2004 年 1 月，全球已有 480 多个组织通过了 BS 7799 认证，通过认证的组织均获得了国际认可机构（UKAS）的认可。其中以欧洲通过认证的比例最高，约占 60%，亚洲次之；中国大陆地区目前有 5 个组织通过了认证，包括 1 家保险业公司、2 家电力企业和 2 家高新技术公司；中国台湾地区目前有 11 个组织通过了认证，其中银行业占 28%、保险业占 18%、政府部门占 28%……2003 年 12 月，澳门彩票有限公司成为全亚洲首家荣获此认证的博彩机构。

BS 7799 为组织的业务主管及其职员提供了一种建立和管理一个有效的信息安全管理体系（ISMS）的模式，作为组织的一项战略性决定，设计与实施 ISMS 会受到多方面因素的影响，当中包括因组织业务需求和目标而引发的安全需求、组织的大小和结构、采用的控制过程等。

9.3.2　BS 7799 架构

BS 7799 将信息定义为一种资产,并从资产管理的角度去考虑信息安全的管理问题。它不仅说明了如何去构建一个信息安全管理体系,而且还指出了如何对该体系进行评价,以及如何对它进行运作、维护与改进,因而是一个操作性很强的、具有很大实际意义的标准。

BS 7799 实际上由两部分组成:第一部分是信息安全管理实施要则;第二部分是信息安全管理体系标准。

1. 第一部分——信息安全管理实施要则

BS 7799 第一部分的主要目标是协助组织预先制定信息安全策略,其中制定的控制措施不一定全部适用于每一个组织,但 BS 7799 第一部分会协助用户找出适用于其业务的部分。组织若要通过审核,必须详细叙述哪些控制措施不在其安全策略范围内,并提出充分的理由予以解释,安全管理的对象包括网络使用、电子商务、业务流程、法律考虑和人力资源等。

需要指出的是,BS 7799 这一部分一般只是作为参考文献来使用,提供广泛的安全控制措施,作为信息安全最好的操作方法,但不能用做评估或认证的依据,只能作为评估或认证的参考。

2. 第二部分——信息安全管理体系标准

BS 7799 第二部分是基于安全管理实施要则而生成的,它不是技术标准而是管理标准,它针对的是信息系统中非技术性内容的管理和控制,这些内容与人员、流程、实体安全以及一般意义上的安全管理有关,它强调的是均衡管理,这正是信息安全"七分靠管理、三分靠技术"的原则,它规范了建立、实施和文件化信息安全管理体系(ISMS)的要求,并规范了不同组织根据各自具体需要实施安全控制措施时的要求。所有这些要求都以条文的形式出现,组织可依据 BS 7799 来评价自身的安全,因此,BS 7799 第二部分才可用做评估或认证的依据。

BS 7799 第二部分帮助技术和管理人员根据组织信息管理目标来评估其信息资产,并排出优先次序,然后将这些资产整合到安全计划(信息安全管理体系)内。安全计划包括 4 个阶段:风险评估、风险管理、选择控制措施和适用条款。

(1) 风险评估:指分析信息资产可能遭遇的各种状况,以及发生安全事件对组织生产经营可能造成的影响,例如,具有恶意的程序、未经许可便进入网络的行为等,都算是可能遇到的风险。

(2) 风险管理:指得以让组织降低风险的计划。风险管理使用的方法不限于防火墙之类的网络防护措施,还包括物理安全、管理程序、突发事件应急措施、人力资源规划等。

(3) 控制措施:指组织为了降低风险而规划并建置的实际工具与资源。

(4) 适用条款:组织的安全计划,是通过 BS 7799 认证的必要条件,当中说明了组织实际付诸实施的控制条款,以及为何挑选这些控制条款并加以实施的理由;此外,组织还必须列出 BS 7799 内哪些控制条款并未受到引用和实施,同时提出充足适当的理由加以解释。

3. 主要内容

BS 7799-1 标准主要涉及 10 个领域、36 个管理目标和 127 个控制措施,其中的 10 个领域如下:

(1) 信息安全政策:信息安全政策为信息安全提供管理方向和指南。同时管理层应制定一套清晰的指导原则,并以此明确其对信息安全以及在单位内部贯彻实施信息安全政策的支持和承诺。

(2) 信息安全组织：应建立适当的信息安全管理部门对信息安全政策进行审批，对安全权责进行分配，并协调单位内部安全政策的实施。如有必要，在单位内部设立特别信息安全顾问并指定相应人选；同时，要设立外部安全顾问，以便跟踪行业走向，关注安全标准和评估手段，并在发生安全事故时建立恰当的联络渠道。在此方面，应鼓励跨学科的信息安全安排，例如，在经理人、用户、程序管理员、应用软件设计师、审计人员和保安人员间积极开展合作和协调，并对接触本单位的第三方信息处理设备进行管制。

(3) 资产分类与管理：对所有重大的信息资产都要有记录和主管人员。资产负责制将确保对资产的有效保护，应明确所指定主管人员的主要职责和管理办法。管理任务可委托他人实施，但最终的责任要由资产主管人员承担，以确保信息资产得到适当分类和适当水平的保护。

(4) 人员安全：这应从员工聘用起即开始实施，写入员工聘用合同中，并在之后的员工聘用期内随时进行监督。对潜在的待聘员工应加以仔细筛选，尤其是对从事敏感工作的员工。使用信息处理设备的所有员工或第三方都应签署保密协议和岗位职责中的安全责任书，以减少人为风险。

(5) 物理与环境安全：保护信息系统基础设施、设备、媒体免受非法访问或自然灾害和环境危害。其目的是保护企业所在地及信息免受未经授权的存取、破坏和入侵。关键或敏感的商业信息处理设备应放置在安全的区域，由安全防御带、适当的安全屏障和准入管制手段加以保护，以防其物理上被非法进入、毁坏或干扰，提供的保护措施应与风险相一致。

(6) 通信与操作管理：为所有信息处理设备的管理与操作建立权责和流程，包括开发适当的操作指南和事故反应流程。适当情况下，应对权责进行划分，以降低渎职或故意滥用系统的风险，确保信息处理设备安全操作，降低系统失效风险，保护软件和信息的完整性，维护信息处理和通信的完整性和可用性，确保网络信息的安全，保证整个IT基础结构的安全。

(7) 访问控制：通过对各种访问权限和能力的有效限制，确保系统和信息的安全，包括对信息使用的授权规定、用户管理、用户职责、网络访问管理、操作系统和应用系统访问管理、敏感系统隔离、用户和移动用户访问监控等。

(8) 系统开发与维护：系统范围包括基础设施、业务系统和自开发的程序。定义支持业务的操作流程对安全而言是至关重要的，在系统设计之前就应该对信息安全给予足够重视，在系统需求确定阶段应该将信息安全需求作为项目需求的一部分，写入项目需求文件中。

(9) 业务连续性管理：业务持续经营计划的制定和实施是为了防止商业活动中断和防止关键商业过程遭受重大失误或灾难的影响。业务持续经营计划的定期演练是业务持续经营计划中重要的实施环节。

(10) 法律符合性：信息系统的设计、操作和使用均应符合法律法规的要求，包括刑法、民法、知识产权或版权。需要注意的是，各国的相关法规不尽相同，当信息从一个国家传输到另一个国家时，尤其要注意这一点；另外，还需考虑到个人信息的私密性，使之符合信息安全政策。定期的系统内审是必需的。

对这10个领域又可细分为36个管理目标和127个控制措施，基本结构如图9.1所示。

例如，对访问控制，需要考虑的问题包括访问控制在业务方面有何需求、用户访问控制、用户职责、网络访问控制、操作系统访问控制、应用系统访问控制、系统访问和使用监控以及移动计算和远程工作的访问控制等；而对网络访问控制，需要进一步深入考虑使用网络服务策略、强制性路径、外部联机用户认证、结点认证、远程诊断端口保护、网络隔离、网络联机控制、网络路由控制和网络服务安全等。

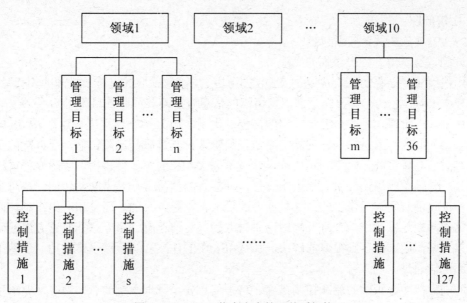

图 9.1 BS 7799 信息安全管理体系架构

因此，信息安全管理呈一种树状结构，每一个父结点都对应一个或若干个子结点，如图 9.2 所示。

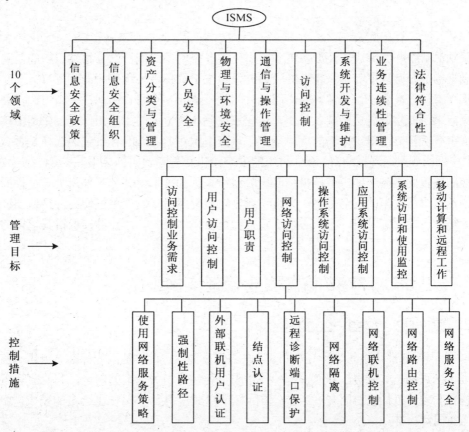

图 9.2 BS 7799 信息安全管理树状结构示意图

4. 关键问题

BS 7799 实施的关键问题包括:

(1) 确定组织信息资产面临的风险

组织信息资产面临的风险决定了 ISMS 的范围、方向、采取的措施及措施的相互关系等。因此,建立 ISMS 之初,首要的是需识别组织的信息资产及其面临的风险。

也许有人会觉得这是一个简单的问题,但这也是实施 BS 7799 标准、建立 ISMS 的一个基本而重要的问题。信息安全管理的实质是风险管理,其基础是风险评估,而风险的正确评估则来自对信息资产的正确识别和估价,这是策划 ISMS 的第一件事情。实际操作过程中,这并不是一件简单的事情。对一个组织而言,其拥有的信息资产是不断变化的,信息资产的范围和特征是随时间动态修正的,并且它们的价值也不是绝对的,而是相对组织利益而定,等等,这些问题足以构成一个复杂的理论研讨课题,目前已有许多专家开始这方面的研究工作。如果这些问题不能得到很好的解决,那么 ISMS 的建立和运行就很难成功,申请第三方认证也不可能通过。

(2) 确定风险、正确的删减控制措施、增强信息安全管理系统的有效性等均要求正确识别信息资产面临的威胁。

风险确定后,接下来的关键任务是明确风险等级、信息资产相对价值和重要性等,建议最好是形成图表,以产生直观印象,以便为信息安全手册对 ISMS 控制措施的选择和描述奠定基础。

9.3.3 BS 7799 认证

采纳 BS 7799 并完成认证准备工作,需要 6~9 个月的时间,这要根据组织的信息资产管理基础架构的复杂程度而定。企业必须通过信息安全管理审核程序才能获得 BS 7799 认证。由于接受审核的准备工作非常复杂,而且时间又长达 6~9 个月,因此许多组织选择聘请信息安全顾问来协助它开展这些准备工作。认证审核包含两方面的主要工作:首先是由接受委托的认证审核机构分析组织提出的适用条款,审查组织对 BS 7799 各条款的选择是否合理;之后,审核机构到组织现场勘察,评估组织的安全策略和程序的实施成果,以及组织对 BS 7799 所有控制项目的遵循程度。审核机构会检验组织采用的技术,并与各部门员工进行面谈,以全盘了解组织所实施的安全策略。当组织通过审核程序后,发证单位便会发给认证证书,并且之后每隔一段固定时间,组织必须重新接受审核程序检验,才能继续保留其获得的认证资格。

9.4 ISO/IEC 17799 信息安全管理实施细则

9.4.1 ISO/IEC 17799:2000

ISO(国际标准化组织)和 IEC(国际电工委员会)是世界范围的标准化组织。各国相应的标准化组织都是其成员,并通过各种技术委员会参与相关标准的制定,其他国际组织、政府机构和非政府机构也协同开展工作。国际标准草案需得到 75% 以上会员的赞成,才有可能被公布为国际标准。

在信息技术领域,ISO 和 IEC 成立了一个联合技术委员会 ISO/IEC 1。该委员会以英国标准协会制定的信息安全标准 BS 7799 为蓝本，并对 BS 7799-1 做了 23 处修改后，制定了信息安全的国际标准 ISO/IEC 17799 草案。该草案在联合技术委员会 ISO/IEC JTC 1 的安排下，通过一个特殊的"快速通道"，并行地得到了 ISO 和 IEC 成员国的批准。2000 年 12 月，国际标准 ISO/IEC 17799 正式出版。

9.4.2　ISO/IEC 17799：2005

ISO 17799：2005，即信息安全管理实施细则（Code of Practice for Information Security Management），从 11 个领域定义了 133 项控制措施，供信息安全管理体系实施者参考使用。

（1）安全策略（security policy）；

（2）组织信息安全（organizing information security）；

（3）资产管理（asset management）；

（4）人力资源安全（human resources security）；

（5）物理与环境安全（physical and environmental security）；

（6）通信与操作管理（communication and operation management）；

（7）访问控制（access control）；

（8）信息系统获取、开发和维护（information systems acquisition, development and maintenance）；

（9）信息安全事件管理（information security incident management）；

（10）业务连续性管理（business continuity management）；

（11）符合性（compliance）。

其中，除访问控制、信息系统获取、开发和维护以及通信和操作管理等几个方面与技术的关系比较紧密外，其他方面更侧重于组织的整体管理和运营操作。信息安全所谓的"三分靠技术、七分靠管理"在此得到了比较好的体现。

9.4.3　两个版本的比较

从内容上来看，ISO 17799 从原来的（2000 版）10 个领域、36 个管理目标和 127 项控制措施转变成为了现在的（2005 版）11 个领域、39 个管理目标和 133 项控制措施。变化主要体现在以下三个方面：

（1）新增加了 17 项控制措施。在客户往来安全、资产属主定义、人员离职管理、第三方服务交付管理、漏洞管理、取证等方面对原标准做了全新的阐释或补充。

（2）去掉了原标准中的 9 项控制措施。一方面是由于这些控制措施不再适应信息通信技术的发展，另一方面是由于有些控制措施已并入新标准的其他控制措施内容中。

（3）对原标准中的多项控制措施进行了重新编排。除了内容上的变化，新标准在对各项控制的阐述上也有结构性的变化。改变了老版本中控制措施没有结构和层次的问题，新版本结构变得更加清晰，每一项控制措施都包括以下几个方面：

控制（control）：对满足控制目标的控制措施进行说明。

实施指南（implementation guidance）：为了实施该控制，应该采取哪些行动，有些活动可能并不适用于所有情况，可能需要补充其他活动，这部分的指南有助于组织更好地实现有效的安全。

其他信息（other information）：作为补充选项，这部分对控制的实施做了相关说明，包括实施控制时应考虑到的各种因素。总之，2005 版标准将一些控制措施进行了重组，调整了分类和从属关系，从而更好地体现了过程方式；根据新的 IT 技术增加了控制措施，如移动式编码（mobile cede）和技术漏洞管理（technical vulnerability management）；通过修改，使标准的适用范围变得更广了，如"外部单位（external parties）"包含了老版本中的第三方、外包和客户等。

两个版本在控制措施方面的对照如表 9.1 所示。

表 9.1　　　ISO/IEC 17799：2000 与 ISO/IEC 17799：2005 控制措施对照

ISO/IEC 17799: 2000	ISO/IEC 17799: 2005
信息安全策略	安全策略
信息安全组织	组织信息安全
资产分类与管理	资产管理
人员安全	人力资源安全
物理与环境安全	物理与环境安全
通信与操作管理	通信与操作管理
访问控制	访问控制
系统开发与维护	信息系统获取、开发与维护
	信息安全事件管理
业务连续性管理	业务连续性管理
法律符合性	符合性

9.5　ISO 27001：2005 信息安全管理体系要求

世界范围内得到广泛采用的、有关信息安全管理体系的英国标准——BS 7799-2：2002 经修订后，于 2005 年 10 月 15 日作为国际标准 ISO/IEC 27001：2005 正式发布。ISO 27001：2005 是建立信息安全管理系统（ISMS）的一套需求规范（Information security-Security techniques -Information security management systems-Requirements），其中详细说明了建立、实施和维护信息安全管理体系的要求，指出了实施机构应该遵循的风险评估标准，当然，如果要得到最终认证，还有一系列相应的注册认证过程。作为一套管理标准，ISO 27001：2005 为相关人员怎样去应用 ISO 17799：2005 提供了指导，其最终目的在于建立适合组织需要的信息安全管理系统（ISMS）。

该标准的焦点还是放在贯穿组织的信息安全管理上，尽管大部分控制在实际中会在 IT 部门或 IT 组织内部实现，但总体上，标准执行的重点仍应放在业务信息的风险上。

新版的国际标准做了一系列更新，以阐明和巩固原英国标准 BS 7799-2：2002 的要求，这些更新主要体现在风险评估、合同责任、范围、管理决策、所选控制措施有效性度量等方面。对采用 BS 7799-2：2002 的组织而言，新版的国际标准并没有太大的影响，最大的影响就是要求对所选控制措施或控制措施组合的有效性进行度量。

（1）ISO 27001：2005 标准指出 ISMS 应包含机构、目标、职责、程序、过程和资源等主要内容，以便有效管理组织信息资产风险，确保组织信息安全，制定、实施、评审和维护组织信息安全策略。

（2）ISO 27001：2005 标准规定了建立 ISMS 框架的基本过程，制定信息安全策略、确定体系范围、明确管理职责、通过风险评估确定控制目标和控制方式。体系一旦建立，组织就应实施、维护和持续改进 ISMS，以保持体系的有效性。

（3）ISO 27001：2005 非常强调信息安全管理过程的文件化，ISMS 的文件体系包括安全策略、适用性声明文件（选择与未选择的控制目标和控制措施）、实施安全控制所需的程序文件、ISMS 管理与操作程序，以及组织围绕 ISMS 开展的所有活动的证明材料等。

（4）在实施 ISO 27001：2005 过程中应非常注意以下两点。一是明确范围和界线：在执行信息安全管理体系时，组织要做的第一件事情是定义 ISMS 范围，在标准的条款[4.2.1a]中，要求组织定义 ISMS 的范围和界线，包括被排除在范围之外的详细说明和理由；二是牢记风险评估是基础：信息保护基于对业务信息风险的评估，风险评估将促使组织运用适当的控制措施来保护业务信息的安全，在此指出了控制措施要"适当"，由于很少有业务信息会暴露在多种风险下，因此过多的安全措施会使组织为此花费的成本太高。

（5）ISO 27001：2005 标准与原标准相比的一个重大变化是要求组织详细说明风险评估的步骤，这意味着文件化风险评估方法将使风险评估产生"可比较、可重复的结果"。风险评估按计划的时间间隔进行复查，对风险评估和风险处置计划的更新进行复查管理，这个要求必须作为组织信息安全管理体系复查管理的一部分，至少一年进行一次。

（6）ISO 27001：2005 标准明确阐明了审核员在审核过程中应根据 ISMS 的方针和目标，确定所选控制措施、风险评估结果与风险处置程序之间的关系。

（7）除了法律法规方面的要求之外，ISO 27001：2005 标准还特别强调在所有 ISMS 过程中的合同责任，包括风险评估、风险处置、控制选择、记录控制、资源、ISMS 监视与复查以及文件要求等。

按照 BSI 的规划（包括 ISO 的考虑），未来两年间，以 ISO/IEC 27001 为核心的信息安全管理标准将逐渐发展成为一套完整的标准族，具体将包括：

ISO/IEC 27000——基础和术语；

ISO/IEC 27001——信息安全管理体系要求，已于 2005 年 10 月正式发布（ISO/IEC 27001：2005）；

ISO/IEC 27002——信息安全管理体系最佳实践，将于 2007 年 4 月直接由 ISO/IEC 17799：2005（已于 2005 年 6 月 15 日正式发布）转换而来；

ISO/IEC 27003——信息安全管理体系实施指南，正在开发中；

ISO/IEC 27004——信息安全管理度量和改进，正在开发中；

ISO/IEC 27005——信息安全风险管理指南，以 2005 年底刚刚推出的 BS 7799-3（基于 ISO/IEC 13335-2）为蓝本。

这些标准或指南相互支持和参照，共同为组织实施信息安全最佳实践和建立信息安全管理体系发挥作用。

9.6 CC 通用标准

9.6.1 CC 是若干标准的综合

通常所说的 CC（Conlnon Criteria）、《ISO/IEC 15408 信息技术安全性评估准则》和《GB/T 18336 信息技术安全技术——信息技术安全评估准则》实际上是同一个标准，其中 CC（通用标准）是最早的称谓，ISO 15408 是正式的 ISO 标准，GB/T 18336 则是我国等同采用 ISO 15408 之后的国家标准。

信息安全产品与系统安全性测评标准是信息安全标准体系中非常重要的一个分支，该分支的发展已有很长历史，期间经历了多个阶段，先后涌现了一系列重要标准，包括可信计算机系统评测标准（TCSEC）、欧洲委员会信息技术安全评估和认证标准（ITSEC）、加拿大可信计算机产品评价准则（CTCPEC）等，而 CC 则是它们的综合，是目前国际上最通行的信息技术产品与系统安全性评估准则，也是信息技术安全性评估结果国际互认的基础。

CC 定义了评估信息技术产品与系统安全性所需的基础准则，是度量信息技术安全性的基准。针对安全评估过程中信息技术产品与系统的安全功能及相应的保证措施，CC 提出了一组通用要求，使各种相对独立的安全评估结果具有可比性，这有助于信息技术产品与系统的开发者或用户确定产品或系统对其应用是否足够安全，以及确定使用中存在的安全风险是否可以容忍。

CC 的主要目标读者是用户、开发者和评估者。

9.6.2 主要内容

CC 定义了一套能满足各种需求的 IT 安全准则，共分为三个部分：

（1）第一部分——简介和一般模型，描述了对安全保护框架（PP）和安全目标（ST）的要求，与传统的软件系统设计相比，PP 实际上就是安全需求的完整表示，ST 则是通常所说的安全方案。

（2）第二部分——安全功能需求。

（3）第三部分——安全保证要求，其中心内容是：当在 PP（安全保护框架）和 ST（安全目标）中描述 TOE（评测对象）安全要求时，应尽可能使其与第二部分中所描述的安全功能组件和第三部分中所描述的安全保证组件相一致。CC 在第一部分、第二部分和第三部分分别描述了为实现 PP 和 ST 下所需的安全功能要求和安全保证要求，并对安全保证要求进行了等级划分（共分为 7 个等级），对安全功能要求 CC 虽然没有进行明确的等级划分，但在对每类功能进行具体描述时，要求上还是有差别的。

CC 明确指出不在其范围内的内容包括：与信息技术安全措施没有直接关联的、属于行政管理范畴的安全措施，虽然这类安全管理措施是技术安全措施的前提；信息技术安全性的物理方面要求；密码算法的质量评价等。

9.6.3 安全要求

在对 PP（安全保护框架）和 ST（安全目标）的一般模型进行介绍后，CC 分别从安全功能和安全保证两方面对 IT 技术的要求做了详细描述。

1. 安全功能要求

主要包括以下类：

安全审计类；通信类（主要是身份真实性和抗抵赖性）；密码支持类；用户数据保护类；标识和鉴别类；安全管理类（与确保安全功能（TSF）有关的管理）；隐秘类（保护用户隐私）；TSF 保护类（TOE 自身安全保护）；资源利用类（从资源管理角度确保 TSF 安全）；TOE 访问类（从 TOE 访问控制角度确保安全性）；可信路径/信道类。

这些安全类又可分为族，族又可分为组件。组件是对具体安全要求的描述。如果对 CC 的 11 个安全类的内容稍加分析便可发现，当中前 7 类的安全功能是提供给信息系统使用的，后 4 类的安全功能是为确保安全功能模块（TSF）自身安全而设置的，因此可以看成是对安全功能模块自身安全性的保证。

2. 安全保证要求

主要包括以下类：

配置管理类；分发和操作类；开发类；指导性文档类；生命周期支持类；测试类；脆弱性评定类；保证的维护类。

安全保证级按照上述 8 类安全保证要求不断递增的次序，CC 将 TOE（评测对象）的安全保证级分为 7 级：

(1) 第一级——功能测试级；

(2) 第二级——结构测试级；

(3) 第三级——系统测试和检查级；

(4) 第四级——系统设计、测试和复查级；

(5) 第五级——半形式化设计和测试级；

(6) 第六级——半形式化验证的设计和测试级；

(7) 第七级——形式化验证的设计和测试级。

9.7　ISO 13335 信息和通信技术安全管理指南

ISO/IEC TR13335 最早称为"IT 安全管理指南"（Guidelines for the Management of IT Security, GMITS），最新改版后称为"信息和通信技术安全管理"（Management of Information and Communications Technology Security，MICTS），它是由 ISO/IEC JTC 1 制定的技术报告，是一个有关信息安全管理的指导性标准，其目的是为有效实施 IT 安全管理提供建议和支持。

改版前，ISO/IEC TR13335：1996 分为 5 个主要部分，作为 GMITS，其完整的框架如下所述：

(1) 第一部分

代号：ISO/IEC 13335-1：1996；

名称：Concepts and models for IT security（IT 安全概念与模型）；

内容：这部分包括了对 IT 安全和安全管理中一些基本概念和模型的解释。

(2) 第二部分

代号：ISO/IEC 13335-2：1997；

名称：Managing and planning IT security（IT 安全管理与计划）；

内容：这部分建议性地介绍了 IT 安全管理与计划的方式和要点。

(3) 第三部分

代号：ISO/IEC 13335-3：1998；

名称：Technique for the management of IT security（IT 安全管理技术）；

内容：这部分描述了风险管理技术、IT 安全计划的开发、实施与测试，还包括了策略审查、事件分析、IT 安全教育等后续内容。

(4) 第四部分

代号：ISO/IEC 13335-4：2000；

名称：Selection of safeguards（安全措施的选择）；

内容：这部分描述了针对组织特定环境与安全需求可以选择的安全措施，不仅仅指的是技术性措施。

(5) 第五部分

代号：ISO/IEC 13335-5：2001；

名称：Managent guidance on network security（网络安全管理指南）；

内容：这部分提供了关于网络与通信安全管理的指导性内容，确定网络安全需求因素提供支持，它为识别、分析和评估网络安全状况提供依据，并包括可能的安全措施的简要介绍。

目前，ISO/IEC 13335-1：1996 已被新的 ISO/IEC 13335-1：2004（MICTS 第一部分：信息和通信技术安全管理的概念和模型）取代，ISO/IEC 13335-2：1997 也将被正在开发的 ISO/IEC 13335-2（MICTS 第二部分：信息安全风险管理）取代，GMITS 的其他三个部分都正在重新修订中。

ISO/IEC TR13335 是一个技术报告和指导性文件，并不是可依据的认证标准，没有给出一个全面而完整的信息安全管理框架，但 ISO/IEC TR13335 在信息安全尤其是在 IT 安全的某些具体环节方面，切入较深，对实际工作具有较好的指导价值，此外，ISO/IEC TR13335 所描述的风险评估方法过程很清晰，可用来指导具体的实施。

9.8 系统安全工程能力成熟度模型

9.8.1 安全工程过程域

基于过程的信息安全模型源自能力成熟度框架模型（CMM），称为系统安全工程能力成熟度模型（Systems Security Engineering-Capability Maturity Model，SSE-CMM），由美国国家安全局于 1996 年 10 月公布第一个版本，1999 年 4 月公布了新的版本。SSE-CMM 力图通过对安全工程进行过程管理的途径，将信息安全工程转变为一个完好的、成熟的、可测量的先进学科。

信息安全工程的实施之所以难以直接测控，原因之一是系统安全的评定不仅要求对系统安全功能加以评测，也要求对系统的安全信任度进行评测，信任度用以描述对被评系统正确执行其安全功能的信心有多大。传统方法是面向最终系统的方法。统计过程控制理论发现，所有成功的管理其共同特点都是有一组定义严格、管理完善、可测可控、高度有效的工作过程。

CMM 模型从管理中抽取"关键的"工作过程并定义过程的"能力"，一个过程的能力是指通过执行该过程可能得到的结果的质量变化范围。变化范围越小，认为过程的能力越"成熟",反之亦然。

源自 CMM 的模型将信息系统安全工程分为三类过程:风险过程;工程过程;保证过程。

SSE-CMM 模型针对这三类过程定义了关键过程域和能力成熟度等级,并为每个过程域定义了一组确切的基本实践(BP),每一个基本实践都是完成该过程必不可少的,用以反映一个安全工程的质量以及工程在安全上的可信度。

下面对 SSE-CMM 模型框架进行描述。

SSE-CMM 将组织中与安全工程有关的问题归纳为 22 个过程域,其中,安全工程过程包括 11 个过程域(PA)。通过对组织实施这 22 个安全过程域的情况进行评估,可以得到该组织的安全工程成熟度水平。

SSE-CMM 又将 11 个安全工程过程域按照目标分为三组:风险过程;工程过程;保证过程。

这三组过程既相互独立又密不可分。风险过程的目的是识别内含于产品、系统开发过程中的风险,并将之按风险的优先级进行排列;工程过程则要对上述风险带来的问题采取解决措施;保证过程则要确保安全解决措施的有效,并将这种保证传递给客户。

每一过程及其包含的过程域如图 9.3 所示。

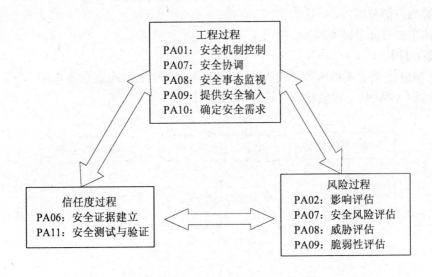

图 9.3　SSE-CMM 的安全工程过程域

9.8.2　基于过程的信息安全模型

1. 二维架构

SSE-CMM 模型框架是一个二维架构,如图 9.4 所示。

横轴上有 11 个系统安全工程过程域(PA01-PA11),这 11 个过程域可能出现在安全系统生存期的各个阶段,因此 SSE-CMM 模型并不规定它们之间的顺序;纵轴上有 6 个能力成熟级别,对每个级别的判定反映为一组共同特征(CF),每一个共同特征又可进一步通过一组确定的通用实践(GP)来描述,过程能力由 GP 来衡量,GP、CF 和能力级别组成了三级结构。

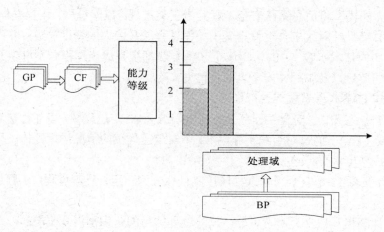

图 9.4 SSE-CMM 模型框架

11 个系统安全工程过程域（PA0-PA11）分别用于描述风险过程、工程过程和信任度过程。风险是不愿发生事件发生之不确定性的客观体现，构成风险的事件由威胁、系统脆弱性、事件造成的影响三部分组成。一般而言，只有当这三个组成要素全部都存在时才足以构成风险，安全工程的主要目标是减少风险。但无论采取多么完善的信息安全手段，风险也总会存在。

2. 风险过程

SSE-CMM 定义了 4 种风险过程：评估事件影响过程（PA02）、评估安全风险过程（PA03）、评估威胁过程（PA04）、评估脆弱性过程（PA05），如图 9.5 所示。

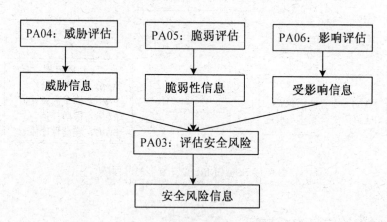

图 9.5 SSE-CMM 中的信息安全风险评估

（1）PA02——评估事件影响过程

①概述：评估事件影响的目的在于确定系统可能受到的影响，并评估这些影响发生的可能性；影响可能是有形的，如财政损失或金融惩罚，也可能是无形的，如声望和信誉的损失。

②目标：确定并描述风险可能对系统带来的安全影响。

③基本实施列表：

BP02.01：标识、分析系统的运行、业务和任务功能，并对这些功能的优先级进行排序；

BP02.02：对可支持系统关键运行功能和安全目标的资产进行标识、描述；
BP02.03：选择可用于评估的影响度量准则；
BP02.04：确定评估所用度量准则与所需转换因子之间的关系；
BP02.05：标识和描述影响；
BP02.06：监视影响的变化。

（2）PA03——评估安全风险过程

①概述：评估安全风险的目的在于标识出给定环境中某一系统的安全风险，涉及对安全事件"暴露"可能性的标识和评估；"暴露"指的是可能引起巨大伤害的威胁、脆弱性和影响的组合。

②目标：获得对给定环境中系统运行风险的理解，按照已定义好的原则和方法对风险优先级进行排序。

③基本实施列表：

BP03.01：选择用于分析、评估和比较给定环境中系统安全风险的方法、技术和准则；
BP03.02：标识威胁/脆弱性/影响；
BP03.03：评估与每个暴露相关的风险；
BP03.04：评估与风险相关的总体不确定性；
BP03.05：排列风险的优先级次序；
BP03.06：监视风险及其特征的变化。

（3）PA04——评估威胁过程

①概述：评估威胁过程的目的在于标识安全威胁及其性质和特征。

②目标：对系统安全威胁进行表示和特征化。

③基本实施列表：

BP04.01：标识由自然因素引起的威胁；
BP04.02：标识由人为因素引起的威胁，不管是有意的还是无意的；
BP04.03：标识特定环境中的度量单元和适用范围；
BP04.04：评估由人为因素引起的威胁主体的能力和动机；
BP04.05：评估威胁事件出现的可能性；
BP04.06：监视威胁及其特征的变化。

（4）PA05——评估脆弱性过程

①概述：评估脆弱性过程包括分析系统资产、定义具体的脆弱性、对整个系统的脆弱性进行评估等内容。就本模型的用途而言，脆弱性指的是可被用于达成不期望行为的系统的某些特征、安全弱点、漏洞或易被威胁提供系统利用的缺陷。

②目标：获得对给定环境中系统安全脆弱性的理解。

③基本实施列表：

BP05.01：选择给定环境中系统脆弱性的表示和描述方法、技术和标准；
BP05.02：标识系统安全脆弱性；
BP05.03：收集与脆弱性属性有关的数据；
BP05.04：评估系统脆弱性，并将特定脆弱性以及各种特定脆弱性的组合进行综合；
BP05.05：监视脆弱性及其特征的变化。

无论采取多么完善的技术安全手段，风险总会存在，因此，需要根据计算机系统和网络存在的脆弱性、可能面临的威胁、对付攻击采取的有效手段以及关键信息资产受到的影响，进行风险分析与评估。

风险分析与评估的概念关系式为：

$$风险 = [(威胁 \times 脆弱性 / 保护手段)] \times 影响 \tag{9.8.1}$$

该关系式形成了量化实际系统风险值的基础，可以利用适当的变量和比例因子提供不同的风险参数，以控制特定系统的风险。对风险的管理过程指的就是对风险进行评估和定量研究，并提出适当的安全控制方法和措施，从而为组织建立可接受风险水平的过程。

需要指出的是，SSE-CMM 模型本身并不是安全技术模型，它虽然给出了信息系统风险分析需要考虑的关键过程以及为完成该过程所需的基本活动，但并未给出具体的实施方法，因此这就需要采用适合所评估系统的具体方法。如果具体使用的评估方法本身存在片面性，那么即使采用了 SSE-CMM 来进行过程管理，其效果也将受到影响，因此需要不断探讨适应具体环境特点的、具体的风险评估方法。

9.9 NIST 相关标准

美国国家标准和技术学会（National Institute or Standard and Technology，NIST）信息技术实验室（Information Technology Laboratory，ITL）通过对国家度量和标准体系提供技术指导而促进美国经济和公共事业的发展。ITL 通过开发测试、测试方法、参考数据、概念证明以及技术分析等，来改善信息技术的开发和生产应用。ITL 的职责包括开发应用于联邦计算机系统中，为敏感但非保密信息提供经济而有效安全和隐私保护的技术性、物理性、行政性和管理性标准以及指导方针。

800 系列特别报告书是有关 ITL 在计算机安全等领域进行的研究、指导和成果以及在该领域与业界、政府和学术组织协同工作的报告。

NIST 相关标准如下所述：

（1）SP 800-2

名称：Public-Key Cryptograhy（公开密钥密码系统）；

简介：介绍了公开密钥密码系统原理、应用等方面的知识；

日期：1991 年 4 月。

（2）SP 800-3

名称：Establishing a Computer Security Incident Response Capability（CSIRC）（建立计算机安全事件响应能力）；

简介：讨论了在建立和运行 CSIRC 时需要考虑的管理、技术和法律问题；

日期：1991 年 11 月。

（3）SP 800-4

名称：Computer Security Considerations in Federal Procurements：A Guide for Procurement Initiators, Contracting Officers, and Computer Security Officals（联邦采办中的计算机安全考虑：对采办发起者、合同签订官和计算机安全官员的指南）；

简介：介绍了在采办中应了解的计算机安全要求、计算机安全特性以及保证措施和规程方面的知识；

日期：1992 年 3 月。

（4）SP 800-5

名称：A Guide to the Selection of Anti-Virus Tools and Techniques（选择防病毒工具和技术的指南）；

简介：提供了判断防病毒工具功能性、实用性和方便性的标准；

日期：1992 年 12 月。

（5）SP 800-6

名称：Automated Tools for Testing Computer System Vulnerability（测试计算机系统缺陷的自动工具）；

简介：介绍了使用自动工具对计算机系统缺陷进行测试的目标、方法、技术、策略和规程；

日期：1992 年 12 月。

（6）SP 800-7

名称：Security in Open Systems（开放系统的安全）；

简介：为程序员开发安全的应用程序提供信息，包括多种典型开放系统的安全考虑；

日期：1994 年 7 月。

（7）SP 800-8

名称：Security Issues in the Database Language SQL（数据库语言 SQL 的安全问题）；

简介：介绍了关系型数据库面临的安全问题、SQL 数据库语言对安全问题的影响，并提出了安全策略方面的考虑；

日期：1993 年 8 月。

（8）SP 800-9

名称：Good Security Practices for Electronic Commerce，Including Electronic Data Interchange（电子商务最佳安全作法，包括电子数据交换）；

简介：讨论了电子商务安全管理方面的问题，包括系统风险的识别和相应的安全措施；

日期：1993 年 12 月。

（9）SP 800-10

名称：Keeping Your Site Comfortably Secure：An Introduction to Internet Firewalls（保持站点的充分安全：互联网防火墙介绍）；

简介：提供了对互联网及其相关安全问题的概述，介绍了防火墙的机理和网络访问控制策略类型等方面的知识；

日期：1994 年 12 月。

（10）SP 800-11

名称：The Impact of the FCC's Open Network Architecture on NS/EP Telecommunications Security（FCC 开放网络体系结构对 NS/EP 电信安全的影响）；

简介：提供了对开放网络体系（ONA）的概述，讨论了电信安全有关国家安全（NS）/紧急事件准备（EP）的相关问题，以及将 ONA 引入公共交换网（PSN）的需求；

日期：1995 年 2 月。

（11）SP 800-12

名称：An Introduction to Computer Security：The NIST Handbook（计算机安全介绍：NIST 手册）；

简介：提供了计算机安全方面内容广泛的基础知识，包括对基本概念、原则、控制措施等的介绍；

日期：1995年10月。

（12）SP 800-13

名称：Telecommunications Security Guidelines for Telecommunications Management Network（电信管理网络的电信安全指导方针）；

简介：对电信系统开发商开发系统、电信服务提供商部署系统提出了安全要求并提供了安全指导；

日期：1995年10月。

（13）SP 800-14

名称：Generaly Accepted Principles and Practices for Securing Information Technology Systems（加固信息技术系统中普遍认同的原则和做法）；

简介：提供了建立和检查IT安全项目时应遵循的基本要求；

日期：1996年9月。

（14）SP 800-15（版本1）

名称：Minimum Interoperability Specification for PKI Components（MISPC）（PKI组件的最低互操作性规范）；

简介：提出了对不同供应商公开密钥体系（PKI）组件之间互操作性的基本需求；

日期：1998年1月。

（15）SP 800-16

名称：Information Technology Security Training Requirements：A Role-and Performance-Based Model（supersedes NIST Spec. Pub. 500-1 72）（信息技术安全培训需求：基于角色和效能的模型（取代NIST规范出版物500-1 72））；

简介：介绍了有关IT安全培训方面的要求、培训的组织方式和培训评估方面的知识；

日期：1998年4月。

（16）SP 800-17

名称：Modes of operation Validation System（MOVS）：Requirements and Procedures（操作验证系统的模式：需求和程序）；

简介：设定了对采用DES和Skipjack算法的应用进行验证的各种测试方式；

日期：1998年2月。

（17）SP 800-18

名称：Guide for Developing Security Plans for Information Technology Systems（制定信息技术系统安全计划的指南）；

简介：提供了与制定安全计划相关的知识，包括对计划可能涉及的各种管理、运作和技术性控制措施的介绍；

日期：1998年12月。

（18）SP 800-19

名称：Mobile Agent Security（移动代理的安全）；

简介：讨论了移动代理面临的威胁、其安全要求和防范措施等方面的问题；

日期：1999年10月。

(19) SP 800-20 (修订)

名称：Modes of Operation Validation System for the Triple Data Encryption Algorithm (TMOVS): Requirements and Procedures（用于三次数据加密算法操作验证系统的模式：需求和程序）；

简介：介绍了三次 DES 算法以及 TMOVS 的基本设计和配置；

日期：2000 年 4 月。

(20) SP 800-21

名称：Guideline for Implementing Cryptography in the Federal Government（在联邦政府中部署加密系统的指导方针）；

简介：提供了加密系统方面的基本知识以及如何选择加密系统的指导意见；

日期：1999 年 11 月。

(21) SP 800-22

名称：A Statistical Test Suite for Random and Pseudorandom Number Generators for Cryptographic Aplications（用于对加密应用的随机数和伪随机数产生器进行静态测试的一组套件）；

简介：讨论了选择与测试随机数和伪随机数产生器方面的一些问题与方法；

日期：2000 年 10 月。

(22) SP 800-23

名称：Guideline to Federal Organizations on Security Assurance and Acquisition/Use of Tested/Evaluated Products（联邦机构在安全保证和采购/使用已获测试/评估产品方面的指南）；

简介：提供了机构在采购和使用信息安全相关产品时应遵循的指导方针；

日期：2000 年 8 月。

(23) SP 800-24

名称：PBX Vulnerability Analysis: Finding Holes in Your PBX Before Someone Else Does（PBX 缺陷分析：在别人之前发现你的 PBX 漏洞）；

简介：提供了一种对专用分组交换机（PBX）进行分析并识别其安全缺陷的通用方法；

日期：2000 年 8 月。

(24) SP 800-25

名称：Federal Agency Use of Public Key Technology for Digital Signatures and Authentication（联邦机构在数字签名和认证方面对公开密钥技术的使用）；

简介：提供了使用公开密钥技术进行数字签名和认证方面的知识和指导信息；

日期：2000 年 10 月。

(25) SP 800-26

名称：Security Self-Assessment Guide for Information Technology Systems（信息技术系统安全自我评估指南）；

简介：为确定信息技术系统的当前安全状态提供了一种符合联邦 IT 安全评估框架的方法；

日期：2001 年 11 月。

(26) SP 800-27

名称：Engineering Principles for Information Technology Security（A Baseline for Achiving Security）（信息技术安全的工程原则（获得安全的基本要求））；

简介：为信息系统的设计、开发和运行提供了可供参考的系统级安全原则；

日期：2001年6月。

（27）SP 800-28

名称：Guidelines on Active Content and Mobile Code（活动内容和移动代码的指导方针）；

简介：介绍了标记语言和互联网技术中活动内容对系统安全带来的危险和可能的风险以及防范措施；

日期：2001年10月。

（28）SP 800-29

名称：A Comparison of the Security Requirements for Cryptographic Modules in FIPS 140-1 and FIPS 140-2（FIPS 140-1和FIPS 140-2中加密模块安全需求的比较）；

简介：介绍了FIPS 140-1和FIPS 140-2之间的区别；

日期：2001年6月。

（29）SP 800-30

名称：Risk Management Guide for Information Technology Systems（信息技术系统风险管理的指南）；

简介：为制定有效的风险管理项目提供了基础信息，包括评估和消减IT系统风险所需的定义和实践指导；

日期：2002年1月。

（30）SP 800-31

名称：Intrusion Detection Systems（IDS）（入侵探测系统）；

简介：介绍了IDS的基本概念及其主要类型，对IDS的选择、部署和管理提供了建议或信息；

日期：2001年11月。

（31）SP 800-32

名称：Introduction to Public Key Technology and the Federal PKI Infrastructure（公开密钥技术和联邦PKI基础设施介绍）；

简介：介绍了PKI功能及其应用；

日期：2001年2月。

（32）SP 800-33

名称：Underlying Technical Models for Information Technology Security（信息技术安全的基本技术模型）；

简介：介绍了在设计和开发技术性安全能力时需考虑的安全模型；

日期：2001年12月。

（33）SP 800-34

名称：Contingency Planning Guide for Information Technology Systems(信息技术系统的应急计划指南)；

简介：为制定和维护IT应急计划提供了基本的计划原则和做法；

日期：2002年6月。

(34) SP 800-38A

名称：Recommendation for Block Cipher Modes of Operation——Methods and Techniques（使用块加密模式的建议——方法和技术）；

简介：为使用对称密钥块加密算法的运作模式提供了建议；

日期：2001 年 12 月。

(35) SP 800-40

名称：Rocedures for Handling Security Patches（处理安全补丁的程序）；

简介：提供了识别安全所需补丁或消减缺陷的一种系统方法；

日期：2002 年 9 月。

(36) SP 800-41

名称：Guidelines on Firewalls and Firewall Policy（防火墙和防火墙策略指南）；

简介：介绍了用于网络安全的防火墙和防火墙策略基本信息；

日期：2002 年 1 月。

(37) SP 800-43

名称：Systems Administration Guidance for Windows 2000 Professional（Windows 2000 专业版的系统管理指导）；

简介：用于协助系统管理员加固 Win2K 专业工作站、移动计算机和计算机；

日期：2002 年 11 月。

(38) SP 800-44

名称：Guidelines on Securing Public Web Servers（加固公共互联网服务器的指导方针）；

简介：为用于公共访问的互联网服务器提供了设计、实施和运行方面的安全指导；

日期：2002 年 9 月。

(39) SP 800-45

名称：Guidelines on Electronic Mail Security（电子邮件安全指南）；

简介：为公用和私用网络中电子邮件系统的设计、实施和运行提供了安全方面的建议；

日期：2002 年 9 月。

(40) SP 800-46

名称：Security for Telecommuting and Broadband Communications（远程和宽带通信的安全）；

简介：为远程通信用户、系统管理员和管理者提供了有关宽带通信安全、远程办公系统安全等方面的信息；

日期：2002 年 9 月。

(41) SP 800-47

名称：Security Guide for Interconnecting Information Technology Systems（信息技术系统互联的安全指南）；

简介：为信息系统之间的互联提供了有关计划、建设、维护和终止方面的指导；

日期：2002 年 9 月。

(42) SP 800-48

名称：Wireless Network Security：802.11，Bluetooth and Handheld Devices（无线网络的安全：802.11、蓝牙和手持设备）；

简介：为组织建立安全的无线网络提供了指导；

日期：2002年11月。

（43）SP 800-49

名称：Federal S/MIME V3 Client Profile（联邦 S/MIME V3 客户概况）；

简介：对使用 S/MIME V3 安全邮件应用提出了具体的安全特性要求，并提供了相关的技术背景知识；

（44）SP 800-51

名称：Use of the Common Vulnerabilities and Exposures(CVE)Vulnerability Naming Scheme（通用和暴露缺陷命名方案的使用）；

简介：为 CVE 缺陷命名方案的使用提供了指南；

日期：2002年9月。

参 考 文 献

[1] 吴晓平，付钰. 信息系统安全风险评估理论与方法[M]. 北京：科学出版社，2011.

[2] 付钰. 面向过程的信息系统安全风险评估及其关键技术研究[D]. 武汉：海军工程大学，2009.

[3] 付钰，吴晓平，严承华. 基于贝叶斯网络的信息安全风险评估方法研究[J]. 武汉大学学报(理学版)，2006(5)：631-634.

[4] 付钰，吴晓平，叶清. 基于改进FAHP-BN的信息系统安全风险评估[J]. 通信学报，2009，30(9)：135-140.

[5] 付钰，吴晓平，叶清，等. 基于模糊集与熵权理论的信息系统安全风险评估研究[J]. 电子学报，2010，38(7)：1489-1494.

[6] FU Yu, QIN Yan lin, WU Xiao ping. A Method of Information Security Risk Assessment Using Fuzzy Number Operations [C]. In: Information & Systems Security, Information System Applications and Data Mining & E commerce. DaLian: IEEE Press, 2008：886-889.

[7] 付钰，吴晓平，王甲生. 面向对象的安全风险评估系统设计与开发[J]. 计算机工程与设计，2010(3)，465-469.

[8] 付钰，吴晓平，王甲生. 基于模糊-组合神经网络的信息系统安全风险评估[J]. 海军工程大学学报，2010，22(1).

[9] 付钰，吴晓平，宋业新. 基于模糊推理与多重结构神经网络的信息系统安全风险评估[J]. 海军工程大学学报，2011，23(1)：10-15.

[10] 付钰，吴晓平，叶清. 军用信息保障系统安全风险评估研究[J]. 舰船科学技术，2009，31(8)：127-130.

[11] 吴晓平，付钰，秦艳琳. 信息安全风险评估研究[J]. 哈尔滨工业大学学报(增刊)，2006，38：611-614.

[12] 付钰，吴晓平，王甲生. 基于模糊群决策的信息系统安全风险评估方法[J]. 火力与指挥控制.

[13] 王甲生，付钰，吴晓平. 通信安全保密系统安全性评估指标体系研究[J]. 计算机与数字工程，2009，37(8)：112-114.

[14] TC260 N0001，信息技术安全技术信息系统安全保障等级评估准则 第一部分：简介和一般模型[S]. 北京：全国信息安全标准化技术委员会，2004.

[15] 范红，冯登国，吴亚非. 信息安全风险评估方法与应用[M]. 北京：清华大学出版社，2006.

[16] GB/T 18336.1-2001，信息技术安全技术信息技术安全性评估准则第1部分：简介和一般模型[S]. 北京：中华人民共和国国家标准，2001.

[17] 闫强，陈钟，段云所，等. 信息安全评估标准、技术及其进展[J]. 计算机工程，2003，29(6)：1-2.

[18] 张玉清，戴祖锋，谢崇斌. 安全扫描技术[M]. 北京：清华大学出版社，2004.

[19] 龚雷，陈性元，唐慧林. 面向安全测试攻击工具库设计[J]. 微计算机信息，2008，24(1)：75-77.

[20] 李鹤田，刘云，何德全. 信息系统安全风险评估研究综述[J]. 中国安全科学学报，2006，16(1)：108-113.

[21] GB17895-1999，计算机信息系统安全保护等级划分准则[S]. 北京：中国标准出版社，1999.

[22] 戴宗坤，罗万伯. 信息系统安全[M]. 北京：电子工业出版社，2002.

[23] 赵冬梅. 信息安全风险量化评估方法研究[D]. 西安：西安电子科技大学，2007.

[24] 杨红，杨德礼. 基于未确知测度的信息系统风险评估模型[J]. 计算机工程，2006，32(16)：120-121.

[25] 肖龙. 信息系统风险分析与量化评估[D]. 成都：四川大学，2006.

[26] GB/T 18794，5-ISO/IEC 10181-5：1996，信息技术 开放系统互连 开放系统安全框架 第5部分：机密性框架[S]. 北京：中华人民共和国国家标准，2003.

[27] GB/T 18794，6-ISO/IEC 10181-6：1996，信息技术 开放系统互连 开放系统安全框架 第6部分：完整性框架[S]. 北京：中华人民共和国国家标准，2003.

[28] 冯登国，张阳，张玉清. 信息安全风险评估综述[J]. 通信学报，2004，25(7)：10-18.

[29] 范红，冯登国. 信息安全风险评估实施教程[M]. 北京：清华大学出版社，2007.

[30] 朱方州. 基于BS7799的信息系统安全风险评估研究[D]. 合肥：合肥工业大学，2007.

[31] 黄传河，杜瑞颖，张沪寅，等. 网络安全[M]. 武汉：武汉大学出版社，2004.

[32] 孙卫红，何德全. 从定性到定量的信息安全模糊综合评估[J]. 系统工程理论与实践，2006，(12)：93-98.

[33] 周亮，李俊娥，陆天波，等. 信息系统漏洞风险定量评估模型研究[J]. 通信学报，2009，30(2)：71-75.

[34] ISO/IEC 15408-2(1999-12)，Information Technology-Security Techniques-Common Criteria for IT Security Evaluation(CCITSE)-Part 2：Security Functional Requirements[S]. Information Technology Task Force，1999.

[35] TCSEC IRM-5239-8，Trusted Computer System Evaluation Criteria[S]. US DoD 5200.28-STD，1985.

[36] ITSEC RCF4949：2007，Information Technology Security Evaluation Criteria(Version 1.2)[S]. Office for Official Publications of the European Communities，2007.

[37] Sleeman J M. Disease Risk Assessment in African Great Apes Using Geographic Information Systems[J]. EcoHealth Journal Consortium，2005，2：222-227.

[38] Guerrera W，Sleeman J M，Ssebide B J，et al. Medical survey of the local human population to Determine possible health risks to the mountain gorillas of Bwindi Impenetrable Forest National Park[J]. International Journal of Primatology，2003，24：197-207.

[39] Schneider H. A Case Study of Information Assurance Field Experience[D]. Florida：Nova Southeastern University，2006.

[40] ISO/IEC 15408-3(1999-12), Information Technology-Security Techniques-Common Criteria for IT Security Evaluation(CCITSE)-Part 3: Security Assurance Requirements[S]. Information Technology Task Force, 1999.

[41] BS7799-1:1999, Information Security Management. Code of Practice for Information Security Management Systems[S]. Britain: British Standards Institute, 1999.

[42] BS7799-2: 1999, Information Security Management. Specification for Information Security Management Systems[S]. Britain: British Standards Institute, 1999.

[43] ISO/IEC 17799: 2000, Information Technology-code of Practice for Information Security Management[S]. Information Technology Task Force, 2000.

[44] ISO/IEC 13335-1(1997-01), Information Technology-Guidelines for the Management of IT Security-Part 1: Concepts and Models for IT Security[S]. Information Technology Task Force, 1997.

[45] ISO/IEC 13335-2(1998-01), Information Technology-Guidelines for the Management of IT Security-Part 2: Managing and Planning IT Security[S]. Information Technology Task Force, 1998.

[46] ISO/IEC 13335-3(1998-06), Information Technology-Guidelines for the Management of IT Security-Part 3: Techniques for the Management of IT Security[S]. Information Technology Task Force, 1998.

[47] ISO/IEC 13335-4(2000-03), Information Technology-Guidelines for the Management of IT Security-Part 4: Selection of Safeguards[S]. Information Technology Task Force, 2000.

[48] National Security Agency IA Solutions Technical Directors. Information Assurance Technical Framework, Release 3.0[EB/OL]. 2002-6-15.

[49] Holzinger A. Information Security Management and Assurance: A Call to Action for Corporate Governance[J]. Information Systems Security, 2000, 9(2): 1-8.

[50] Wan Y C, Bao X L. The Analytic Hierarchy Process based on the Unascertained Information[C]. In: Proceedings of International Conference on Fuzzy Information Processing Theories and Application. Beijing, 2003: 663-668.

[51] LIN Meng quan, ZHU Yun, WANG Qiang min, et al. Research on assessment model of information system security based on various security factors[J]. Journal of Shanghai Jiaotong University, 2007, 12(3): 262-268.

[52] Mats D. Generalized evaluation in decision analysis[J]. European Journal of Operational Research, 2005, 162(7): 442-449.

[53] Shaun P, Rossouw V S. A framework for the governance of information security[J]. Computer and Security Journal, 2004(23): 638-646.

[54] Eloff J H P, Eloff M M. Information security architecture[J]. Computer Fraud and Security, 2005(11): 10-16.

[55] Tanna G B, Gputa M, Rao H R, et al. Information assurance metric development framework for electronic bill presentment and payment systems using transaction and workflow analysis[J]. Decision Support Systems, 2005, 41: 242-261.

[56] Bradley B, Kay W. Information Security Curriculmn Creation[C]. In: A Case Study. Proceedings of the 1st annual conference on Information security curriculum development. New York: ACM Press, 2004: 59-65.

[57] Mats Danielson. Generalized evaluation in decision analysis[J]. European Journal of Operational Research, 2005, 162(7): 442-449.

[58] Neil F D, Heather F. Aligning the information security policy woth the strategic information systems plan[J]. Computer and Security Journal, 2006, 25: 55-63.

[59] David L. A new institute for a new millennium[J]. Information Security Technical Report, 2006(11): 62-65.

[60] Ledin G J. Inside risks: Not teaching viruses and worms is harmful[J]. Communications of the ACM, 2005, 48(1): 144-145.

[61] McDonald M, Rickman J, McDonald G, et al. Practical experience for undergraduate computer networking students[J]. The Journal of Computing in Small Colleges, 2002, 16(3): 261-270.

[62] Reinders H, Youniss J. School-based required community service and civic development in adolescents[J]. Applied Developmental Science, 2006, 10(1): 2-12.

[63] ZHA NG Yong zheng, FANG Bin xing, YUN Xiao chun. A Risk Assessment Approach for Network Information System[C]. In: Proceeding of the Third International Conference on Machine Learing and Cybernetics. Shang Hai: IEEE Press, 2004: 2949-2952.

[64] Andrew R W F, Kow J F, Abe C L. A study on the certification of the information security management systems[J]. Computer Standards and Interfaces, 2003, 25: 447-461.

[65] Bilge K, Ibrahim S. A quantitative method for ISO 17799 gap analysis [J]. Computers and Security Journal, 2006, 25: 413-419.

[66] Bilge K, Ibrahim S. ISRAM: information security risk analysis method [J]. Computers and Security Journal, 2005, 24: 147-159.

[67] Costas L, Stefanos G, Fredj D, et al. Security requirements for e-government services: a methodological approach for developing a common PKI-based security policy [J]. Computer Communication, 2003, 26: 1873-1883.

[68] Frensis. Security Risk Assessment CORAS Framework [EB/OL]. http://www.nr.no/coras. 2003-02-24.

[69] Peltier T R. Information Security Risk Analysis[Z]. Rothstein Associates Inc, 2001.

信息安全系列教材书目

密码学引论（普通高等教育"十一五"国家级规划教材）	张焕国等
计算机网络管理实用教程	张沪寅等
网络安全	黄传河等
信息安全综合实验教程	张焕国等
信息隐藏技术实验教程	王丽娜等
信息隐藏技术与应用	王丽娜等
网络多媒体信息安全保密技术	王丽娜等
信息安全法教程	麦永浩等
计算机病毒分析与对抗	傅建明等
网络程序设计	郭学理等
操作系统安全	贾春福等
模式识别	钟 珞等
密码学教程	张福泰等
信息安全数学基础	李继国等
计算机取证技术	陈 龙等
电子商务信息安全技术	代春艳等
信息安全基础	武金木等
网络伦理	徐云峰
网络安全	丁建立等
数据库安全	刘 晖等
信息安全管理	王春东等
信息对抗理论与方法	吴晓平等
物理安全	徐云峰等
信息安全风险评估教程	吴晓平等